气候投融资发展报告

（2022—2023）

中国环境科学学会气候投融资专业委员会　编著

中国金融出版社

责任编辑：马海敏
责任校对：刘　明
责任印制：陈晓川

图书在版编目（CIP）数据

气候投融资发展报告. 2022—2023/中国环境科学学会气候投融资专业委员会编著.
—北京：中国金融出版社，2024.3

ISBN 978 – 7 – 5220 – 2347 – 2

Ⅰ. ①气…　Ⅱ. ①中…　Ⅲ. ①气候变化—治理—投融资体制—研究—中国—2022-
2023　Ⅳ. ①P467　②F832.48

中国国家版本馆CIP数据核字（2024）第050344号

气候投融资发展报告. 2022—2023
QIHOU TOURONGZI FAZHAN BAOGAO. 2022—2023

出版
发行　**中国金融出版社**

社址　北京市丰台区益泽路2号
市场开发部　（010）66024766，63805472，63439533（传真）
网 上 书 店　www.cfph.cn
　　　　　　　（010）66024766，63372837（传真）
读者服务部　（010）66070833，62568380
邮编　100071
经销　新华书店
印刷　涿州市般润文化传播有限公司
尺寸　185毫米×260毫米
印张　4.75
字数　58千
版次　2024年3月第1版
印次　2024年3月第1次印刷
定价　98.00元
ISBN 978 – 7 – 5220 – 2347 – 2
如出现印装错误本社负责调换　联系电话（010）63263947

《气候投融资发展报告（2022—2023）》

编 写 组

指导专家

李　高　叶燕斐　王　毅　莫小龙　朱黎阳　杨　娉
张　昕　谭显春　段忠辉　孙玉清　高　翔　刘　强
祁　悦　孙轶颋　秦二娃　吕　鑫

主　编

廖　原

副 主 编

李　鑫　桂　华　逢锦福

编 写 组

杨　林　白红春　郭丹蒙　张舒寒　葛　慧

依托单位

生态环境部应对气候变化司、中国科学院科技战略咨询研究院、国家金融监督管理总局政策研究司、中国人民银行研究局、中国清洁发展机制基金管理中心、中国循环经济协会、儿童投资基金会、国家应对气候变化战略研究和国际合作中心、北京理工大学、中证金融研究院、中国银行、中节能生态产品发展研究中心有限公司、中节能衡准科技服务（北京）有限公司

气候投融资服务于应对气候变化工作。气候变化是当今世界面临的重大全球性挑战，事关人类未来和各国发展，居于全球治理议程的突出和优先位置，走绿色低碳发展道路已成为全球政治共识和世界发展潮流。

党的十八大以来，党中央把应对气候变化摆在国家治理更加突出的位置，将应对气候变化作为推进生态文明建设、实现高质量发展的重要抓手，实施积极应对气候变化国家战略并取得明显成效。2020年9月22日，国家主席习近平宣布我国力争2030年前实现碳达峰、2060年前实现碳中和的目标。党的二十大报告要求协同推进降碳、减污、扩绿、增长，积极稳妥推进碳达峰碳中和。2023年7月召开的第九次全国生态环境保护大会要求坚持把绿色低碳发展作为解决生态环境问题的治本之策。

发展气候投融资的目的就是要通过引导性、支持性、激励性的政策工具，充分动员全社会力量和全社会资源，引导大规模的资金进入应对气候变化领域，助力实现碳达峰碳中和目标。气候投融资是将气候变化挑战转化为绿色低碳发展机遇的重要工具，是全面贯彻落实习近平生态文明思想、为绿水青山转化为金山银山提供路径的重要实践。

近年来，在生态环境部等相关部门的共同推动下，在地方政府、金融机构和企业的共同努力下，气候投融资工作不断发展和推进。

一是初步建立顶层设计。2020年10月，生态环境部等五部门发布了《关于促进应对气候变化投融资的指导意见》。2021年2月发布的《国务院关于加快建立健全绿色低碳循环发展经济体系的指导意见》提出"推动气候投融资工作"。2023年12月发布的《中共中央 国务院关于全面推进美丽中国建设的意见》要求"稳步推进气候投融资创新"。

二是不断加强政策协同。国家和地方陆续出台了促进气候投融资工作的专项政策、区域发展政策、环境污染治理相关政策、绿色低碳和能源低碳转型相关政策、行业相关政策等，加强各项政策与气候投融资工作的有机衔接，营造了有利的政策制度环境。

三是充分发挥市场机制。紧密围绕应对气候变化目标和"双碳"工作要求，气候投融资工作积极引导气候资金的供给和需求，推动气候投融资工具和模式创新，加强气候信息披露并努力提升数据质量，有效防范气候融资风险，有效发挥市场优化资源配置的作用。

四是创新开展地方试点。2021年底，生态环境部等九部门联合启动气候投融资试点工作，并于2022年8月公布23个试点地方名单。试点工作开展以来，试点地方紧密结合本地区的资源禀赋、工作基础和产业结构，探索符合地方实际和具有地方特色的气候投融资实施路径，推动体制机制创新，形成差异化发展模式。

自2018年成立以来，中国环境科学学会气候投融资专业委员会致力于打造成为气候投融资领域的权威专业机构和高端智库。专委会编写出版《气候投融资发展报告（2022—2023）》，全面总结我国气候投融资工作的进展、经验和做法，向世界讲好气候投融资的"中国故事"。希望本报告能为进一步推动气候投融资工作作出积极贡献！

全国人大环境与资源保护委员会委员

中国环境科学学会气候投融资专业委员会主任

前言

preface

目前，全球气候变化已成为各国共同关注的焦点问题。随着环境意识的加强，各国在积极应对气候变化方面已基本达成共识。第27届联合国气候变化大会（COP27）于2022年11月6日在埃及的沙姆沙伊赫召开，会议达成了突破性协议，即为保护脆弱国家设立新的"损失和损害"基金，同时，大会预测全球向低碳经济的转型每年至少需要4万亿美元至6万亿美元的投资，这就需要让更多的金融机构参与到应对气候变化的工作中，在资金供给端缓解气候资金缺口以尽快适应和减缓气候变化。因此，如何有效解决气候资金缺口是应对气候变化的关键。

中国作为负责任的大国，向来重视环境保护和应对气候变化的工作。习近平总书记2013年便强调："我们既要绿水青山，也要金山银山。宁要绿水青山，不要金山银山，而且绿水青山就是金山银山。""两山"理念为我国全面建设环境友好型社会，实现经济可持续发展指明了方向。2020年9月，习近平总书记向国际社会作出了"二氧化碳排放力争于2030年前达到峰值，努力争取2060年前实现碳中和"的重大承诺，彰显了我国走可持续绿色发展的决心和担当。2022年6月，中国发布《国家适应气候变化战略2035》，提出新时期中国适应气候变化工作的指导思想、主要目标和基本原则，完善了应对气候变化工作的顶层设计。2022年10月，中国共产党第二十次全国代表大会顺利召开，"推动绿色发展，促进人与自然和谐共生"是习近平总书记代表第十九届中央委员会作的题为《高举中国特色社会主义伟大旗帜　为全面建设社会主义现代化国家而团结奋斗》报告的重要内容之一，报告提出"大自然是人类赖以生存发展的基本条件。尊重自然、顺应自然、保护自然，是全面建设社会主义现代化国家的内在要求。必须牢固树立和践行绿水青山就是金山银山的理念，站在人与自然和谐共生的高度谋划发展"。报告还明确了应对气候变化是推进美丽中国建设的重要组成部分。

伴随国家层面陆续发布应对气候变化的政策和指引，我国应对气候变化工作从之前的浅层摸索阶段进入深入有序的调整阶段。2021年以来，我国积极落实《巴黎协定》，进一步提高国家自主贡献力度，有力、有序和有效地推进各项应对气候变化重点工作并取得显著成效。据中国气象局国家气候中心发布的《中国气候公报2022》，与2017—2021年平均值相比，2022年气象灾害造成的农作物受灾面积、死亡失踪人口和直接经济损失均偏少，但是，2022年我国气候状况总体偏差，其中，降水量为2012年以来最少，夏季我国中东部出现1961年以来的最强高温过程，夏季平均降水量为1961年以来历史同期第二少。因此，应对气候变化工作不是一劳永逸和一蹴而就的，而是一项持久战。在此基础上，据统计我国2021—2030年实现碳达峰的资金需求为14万亿元至22万亿元，而从2030年碳达峰到2060

年实现碳中和的资金需求则达百万亿元①。面对如此庞大的资金需求量，政府能够投入的财政资金支持是有限的，那么社会资本的有效运用将是解决应对气候变化资金短缺的重要途径。因此，发挥气候投融资对私人部门和公共部门资金的引导和促进作用可以最大限度地推进应对气候变化工作，助力"双碳"目标的实现。

---

① 王文. 气候投融资与中国绿色金融方向 [J]. 中国金融，2022（12）.

目 录

contents

第一章 气候投融资概况 ··· 1

一、气候投融资的含义 ··· 1

二、气候投融资与绿色金融的关系 ································· 3

第二章 气候投融资政策 ··· 7

一、国家政策 ··· 7

二、专项政策 ··· 8

三、区域发展政策 ·· 8

四、环境污染治理相关政策 ··· 10

五、绿色低碳和能源低碳转型相关政策 ··························· 11

六、行业相关政策 ·· 13

第三章 气候投融资市场 ··· 15

一、气候资金供给侧概况 ·· 15

二、气候资金需求侧概况 ·· 17

三、气候投融资工具应用现状 ·· 19

四、ESG信息披露概况 ··· 44

五、气候投融资风险分析 ·· 47

第四章　气候投融资地方试点进展 ·················· 51

一、有序发展碳金融——广东省南沙新区 ·············· 51

二、强化碳核算与信息披露——四川省天府新区 ········ 52

三、强化模式和工具创新——陕西省西咸新区 ·········· 53

四、建设地方性气候投融资项目库——深圳市福田区 ···· 54

五、其他试点案例 ···································· 55

第五章　气候投融资展望 ·························· 57

一、持续完善气候投融资政策体系 ···················· 57

二、弥补气候资金缺口，丰富气候投融资工具箱 ········ 58

三、深入优化ESG信息披露 ·························· 59

四、进一步推动气候投融资试点工作 ·················· 59

结　语 ·· 61

第一章 气候投融资概况

由于气候投融资涉及学术研究、行业划分和政府管理等多个领域，因此对气候投融资内涵的界定和认知至关重要，一定程度上决定了其在应对气候变化中所发挥的作用。基于此，本报告在深入梳理现有研究的基础上，明确气候投融资的含义以探究气候投融资的本质，以便有效发挥气候投融资的资金引导和激励作用。

一、气候投融资的含义

目前，关于环境金融、可持续金融、绿色金融、碳金融和气候金融已经有相关学者进行了研究，这也是构建气候投融资概念的基础，相关概念内涵具体参见表1-1。

表1-1 相关概念内涵

概念名称	概念内涵
环境金融	以处理和防治环境污染和规避来源于环境因素而产生的风险等环境保护为目的的创新型金融模式[1]
可持续金融	以支持《2030年可持续发展议程》和《巴黎协定》各项目标为目的而开展的金融活动[2]
绿色金融	以环境保护这一基本国策作为指引，将"可持续发展"贯彻至金融业务的每个环节进而统筹推进环境保护和经济发展的金融营运策略[3]

---

[1] 方灏，马中. 论环境金融的内涵及外延 [J]. 生态经济，2010（9）.

[2] UNEP. Finance Initiative [EB/OL].https：//www.unepfi.org.

[3] 高建良. "绿色金融" 与金融可持续发展 [J]. 金融理论与教学，1998（4）.

续表

概念名称	概念内涵
碳金融	建立在碳排放权交易的基础上，服务于减少温室气体排放或者增加碳汇能力的商业活动，以碳配额和碳信用等碳排放权益为媒介或标的的资金融通活动[①]
气候金融	利用多渠道资金来源和多样化的创新工具以促进低碳发展和增强应对气候变化的弹性[②]

目前，对于气候投融资的定义各有侧重，没有统一的论述。一般而言，气候投融资泛指所有催化低碳和抵御气候变化发展的资源，即所有服务于限制温室气体排放的金融活动，包括直接投融资、碳指标交易和银行贷款等[③]。气候投融资涵盖气候活动的成本与风险，支持一个有利于减缓和适应能力的环境，鼓励研发和新技术的开展[④]。从广义的角度看，气候投融资既包含温室气体减排的直接投融资，也包含银行贷款情况[⑤]。气候投融资的本质是以应对气候变化、实现低碳发展为导向，为控制温室气体排放所提供的投融资资金支持活动的总称[⑥]。

联合国将气候投融资定义为：地方、国家或跨国投融资——来自公共、私人和替代性投融资，旨在支持应对气候变化的减缓和适应行动。根据《关于促进应对气候变化投融资的指导意见》和《气候投融资试点工作方案》，气候投融资被定义为实现国家自主贡献目标和低碳发展目标，引导和促进更多资金投向应对气候变化领域的投资和融资活动，是绿色金融的重要组成部分。

本报告认为，理解气候投融资，首先应正确理解气候的含义。气候是指针对气候变化进行积极和有效的应对。具体而言，包括两个方面的内

---

① 证监会. 碳金融产品标准 [EB/OL].http：//www.gov.cn/zhengce/zhengceku/2022-04/16/5685514/files/cc8cf837e8c645e4beaef8cde91f2c2f.pdf.

② 王遥. 气候金融 [M]. 北京：中国经济出版社，2013.

③ 贾丽虹. 外部性理论及其政策边界 [D]. 广州：华南师范大学，2003.

④ 潘家华，陈迎. 碳预算方案：一个公平、可持续的国际气候制度框架 [J]. 中国社会科学，2009（5）.

⑤ 韩钰，吴静，王铮. 发展中国家气候融资发展现状及区域差异研究 [J]. 世界地理研究，2014（2）.

⑥ 葛晓伟. 金融机构参与气候投融资业务的实践困境与出路 [J]. 西南金融，2021（6）.

容：减缓和适应。减缓是指为减少和控制温室气体排放所做的一切工作，包括优化产业结构、节约能源、发展低碳能源、控制非能源活动温室气体的排放、增加碳汇和地方积极推进低碳发展等。适应是指提升应对气候变化的适应能力和弹性，目的在于规避和分散气候变化所带来的各种风险，包括农业领域、水资源领域、海洋领域、卫生健康领域和气象领域[①]。

其次，投融资是指经营运作的投资和融资两种形式，其目的是增强企业或组织的实力以获得利益最大化。气候投资是将资金直接投入气候友好项目或与气候变化的减缓和适应相关的金融投资产品中，具体涵盖项目投资、项目并购及相关风险管理。气候融资是通过金融市场，获得来自公共、私人或其他的融资，为气候友好项目筹集资金或协助项目的气候风险管理，旨在支持应对气候变化的环节和适应工作，包括商业融资、国家财政融资、国际融资和碳配额市场融资等。气候投资与气候融资相辅相成，共同构成资金周转的两个阶段：气候融资以一定的融资成本将资金吸引到气候友好型项目以增强气候投资的可行性。气候投资借助开发和推进优质具有示范意义的项目以提升气候融资的吸引力。

二、气候投融资与绿色金融的关系

在众多概念中，气候投融资与绿色金融的概念最容易混淆，因此，有必要系统梳理气候投融资与绿色金融的异同（见图1-1）。

（一）气候投融资与绿色金融的相同点

1. 理论基础相同

庇古在《福利经济学》中认为，环境税可以将由于环境污染所产生的外部成本内部化，即庇古税。庇古税的出发点来自理性经济人的行为活动

[①] 丁辉. "双碳"背景下中国气候投融资政策与发展研究 [D].合肥：中国科学技术大学，2021.

所产生的私人成本不一致，即私人成本的帕累托最优导致的社会成本并非最优，这会导致市场资源配置的失效，而庇古税的征收可以优化个人成本与社会成本的偏差。

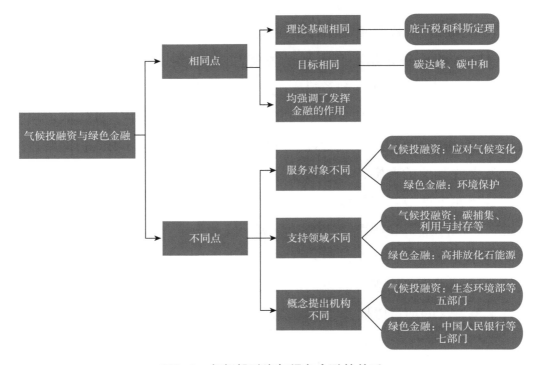

图1—1　气候投融资与绿色金融的关系

在此基础上，科斯提出将污染权产权化并允许个体之间进行交易以优化减排成本。这也是各种排放权交易的理论基础。科斯定理的前提是明确产权和交易成本。当两者明确之后，市场在不断交易过程中会产生合理的价格。

2. 目标相同

无论是气候投融资还是绿色金融，其目标都是助力"双碳"目标的实现。气候投融资和绿色金融都是实现碳达峰和碳中和的具体实施路径和方法。"双碳"目标的实施过程会产生大量的资金需求，撬动更多的社会资本参与到减碳、降碳的过程中，将会产生更广泛的社会效益。

3. 均强调发挥金融的作用

金融的资金来源于实体经济，服务实体经济是金融的重要职能之一。我国经济在经历了高速增长阶段之后，经济与生态的矛盾日益突出。面对人民群众对于良好生态环境的需求，生态环境作为最公平的公共产品理应得到良好的维护，这关乎最广泛的民生福祉。因此，实体经济的转型升级，离不开金融的支持，同时，金融作为经济的血液，理应充分发挥其优化资源配置的功能，从资金端助力美丽中国的建设。

（二）气候投融资与绿色金融的不同点

1. 服务对象不同

气候投融资服务于应对气候变化，绿色金融服务于环境保护。环境的问题首先表现在区域层面，例如区域的水污染；其次表现在国家层面，例如土壤酸化；最后表现在全球层面，即气候变化[①]。因此，应对气候变化既隶属于环境保护范畴之内，又是环境保护的进阶形态。

2. 支持领域不同

气候投融资是广义绿色金融的重要内容，但狭义绿色金融并没有完全覆盖气候投融资。例如，碳捕集、利用与封存，应对海平面上升的地方工程，为适应全球变暖的城市基础设施投资等在气候投融资支持范围内，但是目前并不在绿色金融的支持范畴中。同时，高排放化石能源领域相关项目在绿色金融支持范围内，但不在气候投融资支持范畴中[②]。

3. 概念提出机构不同

2020年，生态环境部等五部门联合发布的《关于促进应对气候变化投融资的指导意见》初步阐释了气候投融资这一概念；2016年，中国人民银行等七部门联合发布的《关于构建绿色金融体系的指导意见》第一次提出

---

① 王遥. 气候金融 [M]. 北京：中国经济出版社，2013.
② 丁辉. "双碳"背景下中国气候投融资政策与发展研究 [D]. 合肥：中国科学技术大学，2021.

了绿色金融的概念。

《关于促进应对气候变化投融资的指导意见》和《气候投融资试点工作方案》已经明确气候投融资是绿色金融的重要组成部分，因此绿色金融相较气候投融资涉及的领域较多，但是部分绿色金融工具并没有突出的融资优势，这使气候投融资可以凭借其气候变化、高质量等的属性撬动更多的资金投向应对气候变化的各个领域。

第二章　气候投融资政策

2022年是我国气候投融资迅速发展的一年，这得益于我国相关政策的制定和出台。相较于发达国家在气候投融资领域的发展已较为成熟，我国气候投融资工作仍处于起步阶段，气候投融资标准、信息披露标准、激励机制等均有待进一步完善和规范，需要在政策层面对气候投融资工作进行全方位的顶层设计和推动。

一、国家政策

2022年1月，国务院印发《"十四五"节能减排综合工作方案》。该方案提出要扩大政府绿色采购覆盖范围，健全绿色金融体系，支持重点行业领域节能减排，用好碳减排支持工具和支持煤炭清洁高效利用专项再贷款，加强环境和社会风险管理；鼓励有条件的地区探索建立绿色贷款财政贴息、奖补、风险补偿、信用担保等配套支持政策；加快绿色债券发展，支持符合条件的节能减排企业上市融资和再融资。

2022年3月，国务院印发《关于落实〈政府工作报告〉重点工作分工的意见》。该意见强调要有序推进碳达峰碳中和工作，推动能耗"双控"向碳排放总量和强度"双控"转变，完善减污降碳激励约束政策，发展绿色金融，加快形成绿色低碳生产生活方式。

二、专项政策

气候投融资等绿色金融专项政策，具体参见表2-1。

表2-1 2022年气候投融资等绿色金融专项政策

发布时间	发布单位	文件名称	重点内容
2022年2月	中国人民银行、市场监管总局、银保监会、证监会	《金融标准化"十四五"发展规划》	加快完善绿色金融标准体系；统一绿色债券标准；完善绿色债券评估认证标准；支持建立绿色项目库标准
2022年4月	中国证监会	《证券期货业数据模型第4部分：基金公司逻辑模型》《碳金融产品》等4项金融行业标准	制定具体的碳金融产品实施要求
2022年4月	中国证监会	《关于加快推进公募基金行业高质量发展的意见》	督促行业履行环境、社会和治理责任；引导行业总结ESG投资规律；改善投资活动环境绩效
2022年6月	中国银保监会	《银行业保险业绿色金融指引》	加大对绿色、低碳、循环经济的支持，防范环境、社会和治理风险，提升自身的环境、社会和治理表现，促进经济社会发展全面绿色转型
2022年8月	中国人民银行、国家发展改革委、财政部、生态环境部、银保监会、证监会	《重庆市建设绿色金融改革创新试验区总体方案》	贯彻绿色发展理念，参照国际通行绿色金融标准，识别主要产业部门绿色低碳转型机遇

三、区域发展政策

气候投融资的区域发展政策，具体参见表2-2。

表2-2 2022年气候投融资的区域发展政策

发布时间	发布单位	文件名称	重点内容
2022年1月	国务院	《关于支持贵州在新时代西部大开发上闯新路的意见》	深入推进贵安新区绿色金融改革创新试验区建设；支持开展基础设施领域不动产投资信托基金（REITs）试点

续表

发布时间	发布单位	文件名称	重点内容
2022年2月	国家发展改革委	《长江中游城市群发展"十四五"实施方案》	支持湖北、湖南开展科技金融创新，推进赣江新区绿色金融改革创新试验，鼓励设立金融后台服务基地； 探索生态产品价值实现多元路径，支持武汉建成运行全国碳排放权注册登记系统； 鼓励申办生态产品推介博览会
2022年3月	国家发展改革委、自然资源部、住房和城乡建设部	《成都建设践行新发展理念的公园城市示范区总体方案》	发展绿色金融、科创金融、普惠金融； 支持设立市场化征信机构
2022年3月	国家发展改革委、外交部、生态环境部、商务部	《关于推进共建"一带一路"绿色发展的意见》	鼓励金融机构落实《"一带一路"绿色投资原则》； 有序推进绿色金融市场双向开放，鼓励金融机构和相关企业在国际市场开展绿色融资，支持国际金融组织和跨国公司在境内发行绿色债券、开展绿色投资
2022年3月	国家发展改革委	《赣州革命老区高质量发展示范区建设方案》	深化绿色金融改革，鼓励银行机构按照市场化、商业化原则，创新金融产品和服务； 深化生态产品价值实现机制探索，重点围绕生态产品价值核算、供需精准对接、市场化经营开发、保护补偿、绿色金融创新等方面加大实践探索力度
2022年7月	国家发展改革委	《推动毕节高质量发展规划》	健全生态产品价值实现机制； 支持开展绿色金融改革创新和生态产品价值实现方面的知识产权质押融资服务； 探索规范开展生态产品抵质押融资服务； 支持在毕节实施国家生态保护修复重大工程建设
2022年9月	国务院	《关于支持山东深化新旧动能转换推动绿色低碳高质量发展的意见》	建立绿色低碳发展体制机制； 支持符合条件企业发行绿色债券
2022年9月	科技部	《"十四五"国家高新技术产业开发区发展规划》	鼓励银行业金融机构在国家高新区设立科技支行； 支持各类金融机构在区内开展投贷联动、知识产权质押融资等多样化服务； 落实首台（套）重大技术装备保险等相关政策； 支持区内科技型企业扩大债券融资

发布时间	发布单位	文件名称	重点内容
2022年10月	财政部	《关于贯彻落实〈国务院关于支持山东深化新旧动能转换推动绿色低碳高质量发展的意见〉的实施意见》	支持依法依规通过财政资金股权投资方式推进绿色低碳重点项目建设； 鼓励规范有序实施生态环境领域政府和社会资本合作（PPP）项目； 支持国家融资担保基金有限责任公司与山东省投融资担保集团有限公司加强合作

四、环境污染治理相关政策

2022年1月，生态环境部等五部门联合印发《农业农村污染治理攻坚战行动方案（2021—2025年）》。该方案强调要大力发展农业农村绿色金融，引导社会资本以多种形式参与农业农村污染治理项目投资建设，鼓励有条件地区依法建立农村生活污水垃圾治理农户付费制度。

2022年6月，生态环境部等七部门联合印发《减污降碳协同增效实施方案》。该方案提出要用好碳减排货币政策工具，引导金融机构和社会资本加大对减污降碳的支持力度；加强国际合作，积极参与全球气候和环境治理；在绿色低碳技术研发应用、绿色基础设施建设、绿色金融、气候投融资等领域开展务实合作。

2022年6月，生态环境部等四部门联合印发《黄河流域生态环境保护规划》。该规划鼓励绿色金融产品创新，支持和激励各类金融机构开发减污降碳的绿色金融产品；在黄河流域推行气候投融资试点；鼓励符合条件的企业发行绿色债券；以兰州新区为重点，积极推进绿色金融改革创新试验区建设。

2022年9月，生态环境部等十七部门联合印发《深入打好长江保护修复攻坚战行动方案》。该方案认为需要加大项目融资模式创新力度，探索实施生态环境导向的开发模式，发挥绿色金融改革创新试验区作用；完善污水处理费标准动态调整机制；加大开发性、政策性金融对长江保护修复攻坚战支持力度。

五、绿色低碳和能源低碳转型相关政策

绿色低碳和能源低碳转型相关政策，具体参见表2-3。

表2-3　2022年绿色低碳和能源低碳转型政策

领域	发布时间	发布单位	文件名称	重点内容
绿色低碳	2022年3月	中国人民银行	《中国人民银行关于做好2022年金融支持全面推进乡村振兴重点工作的意见》	探索创新林业经营收益权、公益林补偿收益权和林业碳汇收益权等质押贷款业务； 鼓励符合条件的金融机构发行绿色金融债券，支持农业农村绿色发展； 人民银行各分支机构要积极运用碳减排支持工具，引导金融机构加大对符合条件的农村地区风力发电、太阳能和光伏等基础设施建设信贷支持
	2022年4月	国家发展改革委、国家统计局、生态环境部	《关于加快建立统一规范的碳排放统计核算体系实施方案》	根据碳排放权交易、绿色金融领域工作需要，在与重点行业碳排放统计核算方法充分衔接的基础上制定进一步细化的企业或设施碳排放核算方法或指南
	2022年5月	生态环境部等十七部门	《国家适应气候变化战略2035》	推动绿色金融市场创新； 鼓励发展可持续发展挂钩债券、巨灾保险、重点领域气候风险保险等创新型产品； 完善多元化资金支持适应气候变化机制
	2022年7月	市场监管总局等十六部门	《关于印发贯彻实施〈国家标准化发展纲要〉行动计划的通知》	加大金融业数字化转型、金融风险防控、金融消费者保护国家标准研制力度； 加快建设绿色金融标准体系，完善快递安全生产和包装治理等相关标准； 进一步健全服务业标准化试点示范管理制度
	2022年10月	市场监管总局等九部门	《关于印发建立健全碳达峰碳中和标准计量体系实施方案的通知》	加强绿色金融标准制修订，加快制定绿色、可持续金融相关术语等基础通用标准，完善绿色金融产品服务、绿色征信、绿色债券信用评级等标准

续表

领域	发布时间	发布单位	文件名称	重点内容
绿色低碳	2022年10月	国家发展改革委	《关于进一步完善政策环境加大力度支持民间投资发展的意见》	完善支持绿色发展的投资体系； 研究开展投资项目ESG评价
	2022年11月	市场监管总局等十八部门	《关于印发进一步提高产品、工程和服务质量行动方案（2022—2025年）的通知》	提高生产流通服务专业化融合化水平； 加大涉农金融服务供给； 完善绿色金融标准体系； 发展绿色直接融资； 加强数字技术在普惠金融领域中的依法合规和标准化应用
能源低碳转型	2022年1月	国家发展改革委、国家能源局	《"十四五"现代能源体系规划》	加强对节能环保、新能源和二氧化碳的捕集、利用与封存等的金融支持力度； 完善绿色金融激励机制
	2022年1月	国家发展改革委、国家能源局	《"十四五"新型储能发展实施方案》	支持将新型储能纳入绿色金融体系，推动设立储能发展基金，健全社会资本融资手段，为健全新型储能管理体系做好了政策保障
	2022年1月	国家发展改革委、国家能源局	《国家发展改革委 国家能源局关于完善能源绿色低碳转型体制机制和政策措施的意见》	创新适应清洁低碳能源特点的绿色金融产品，鼓励符合条件的企业发行碳中和债等绿色债券，引导金融机构加大对具有显著碳减排效益项目的支持； 鼓励发行可持续发展挂钩债券等，支持化石能源企业绿色低碳转型； 探索推进能源基础信息应用； 鼓励能源企业践行绿色发展理念，充分披露碳排放相关信息
	2022年5月	国务院办公厅	《国务院办公厅转发国家发展改革委 国家能源局关于促进新时代新能源高质量发展实施方案的通知》	合理界定新能源绿色金融项目的信用评级标准和评估准入条件； 加大绿色债券、绿色信贷对新能源项目的支持力度； 研究探索将新能源项目纳入REITs试点支持范围，支持将符合条件的新能源项目温室气体核证减排量纳入全国碳排放权交易市场进行配额清缴抵消

六、行业相关政策

行业相关政策，具体参见表2-4。

表2-4 2022年行业相关政策

行业类型	发布时间	发布单位	文件名称	重点内容
工业	2022年6月	工业和信息化部、国家发展改革委、财政部、生态环境部、国务院国资委、市场监管总局	《工业能效提升行动计划》	发挥国家产融合作平台作用，在工业绿色发展项目库建立节能提效专项支持企业开展技术改造；拓展绿色债券市场的深度和广度，支持符合条件的企业上市融资和再融资
	2022年7月	工业和信息化部办公厅、水利部办公厅、国家发展改革委办公厅、市场监管总局办公厅	《关于组织开展2022年重点用水企业、园区水效领跑者遴选工作的通知》	强化对节水标杆及水效领跑者企业、园区的政策支持；鼓励地方设计多元化财政资金投入保障机制；落实促进工业绿色发展的产融合作专项政策；引导金融机构为相关企业、园区提供担保和信贷等绿色金融支持
	2022年7月	工业和信息化部、国家发展改革委、生态环境部	《工业领域碳达峰实施方案》	构建金融有效支持工业绿色低碳发展机制，将符合条件的绿色低碳项目纳入支持范围；发挥国家产融合作平台作用，支持金融资源精准对接企业融资需求；完善绿色金融激励机制，引导金融机构扩大绿色信贷投放；建立工业绿色发展指导目录和项目库；在依法合规、风险可控前提下，利用绿色信贷加快制造业绿色低碳改造，在钢铁、建材、石化化工、有色金属、轻工、纺织、机械、汽车、船舶、电子等行业支持一批低碳技改项目
	2022年11月	国家发展改革委、工业和信息化部、财政部、住房和城乡建设部、市场监管总局	《国家发展改革委等部门关于发布〈重点用能产品设备能效先进水平、节能水平和准入水平（2022年版）〉的通知》	强化绿色金融支持，鼓励金融机构为相关企业研制造高能效产品设备提供信贷支持；鼓励重点用能产品设备相关产业聚集地研究制定有针对性的政策，综合运用价格、投资、金融等措施，加大对相关企业的支持力度

行业类型	发布时间	发布单位	文件名称	重点内容
交通运输	2022年9月	工业和信息化部、国家发展改革委、财政部、生态环境部、交通运输部	《关于加快内河船舶绿色智能发展的实施意见》	推动各类金融机构采取股权融资、绿色信贷等方式，合理降低绿色智能船舶产业链综合融资成本； 鼓励地方研究制定绿色智能内河船舶制造产能审批等支持政策
有色金属	2022年11月	工业和信息化部、国家发展改革委、生态环境部	《有色金属行业碳达峰实施方案》	支持金融机构在依法合规、风险可控和商业可持续前提下向具有显著碳减排效应的重点项目提供高质量金融服务； 发展绿色直接融资，支持符合条件的绿色低碳企业上市融资、挂牌融资和再融资
建筑	2022年3月	住房和城乡建设部	《"十四五"建筑节能与绿色建筑发展规划》	对高星级绿色建筑等给予政策扶持； 创新信贷等绿色金融产品，强化绿色保险支持； 完善绿色建筑和绿色建材政府采购需求标准； 探索大型建筑碳排放交易路径
建设	2022年6月	住房和城乡建设部、国家发展改革委	《城乡建设领域碳达峰实施方案》	鼓励银行业金融机构在风险可控和商业自主原则下，创新信贷产品和服务，支持城乡建设领域节能降碳； 鼓励开发商投保全装修住宅质量保险，强化保险支持

第三章　气候投融资市场

2022年，在一系列相关政策的指引下，气候投融资市场迎来了诸多发展机遇，主要体现在气候投融资资金、工具和信息披露等方面。气候投融资资金的供给侧和需求侧是否均衡是气候投融资市场是否有效的重要指标之一，而气候投融资的资金供给是通过一系列气候投融资工具的运用来满足相关的需求。同时，ESG信息披露为气候投融资提供了方向和指引。

一、气候资金供给侧概况

2009年，在哥本哈根气候大会上，发达国家承诺到2020年将向发展中国家提供每年1000亿美元的气候援助，以帮助发展中国家减少碳排放并应对气候变化的影响。

在此倡议下，发达国家陆续向发展中国家提供资金支持。具体到我国，2019年，山东绿色发展基金成功从联合国绿色气候基金（GCF）申请到1亿美元的气候应对基金。2022年12月，山东发展集团利用GCF资金，联合威海市、区两级政府平台共同发起设立的山东绿色发展基金威海平行基金完成工商注册，总规模10亿元人民币，首期规模5亿元人民币，标志着我国申请的首笔GCF基金的首个项目正式落地。威海平行基金是GCF在中国投资的第一个项目，由山东省绿色发展资本管理有限公司负责运营。[①]

与此同时，2019—2021年，我国相继从全球环境基金（GEF）申请到7892万美元用于绿色低碳、降碳和能源转型等领域。其中，绿色碳中和城市项目获批的项目金额最高，为2690.91万美元。项目包括三个部分：一是通过重点促进生物多样性保护及碳中和，加强城市高质量发展框架，金额为400万美元；二是支持生物多样性和气候变化的综合解决方案，规划并投资于自然和碳中和，金额为1978万美元；三是支持知识共享、能力建设和项目管理，金额为312.91万美元[②]，具体参见表3-1。

表3-1　2019—2021年国际相关基金在中国投入情况

核准年份	基金名称	批准金额（百万美元）	项目名称
2019	绿色气候基金（GCF IRM）	100	催化气候融资（山东绿色发展基金）（FP082）
2020	全球环境基金（GEF7）	1.65	中国提高透明度的能力建设第一阶段
		8.93	中国农村零碳能源项目（EZCERTV）
2021		26.91	绿色碳中和城市
		10.09	中国实现交通碳中和的脱碳途径
		17.43	中国能源碳中和转型项目
		9.34	中国促进磷酸盐化学工业清洁和节能项目（PhosChemEE）
		4.57	使中国能够编制第四次全国信息通报和气候变化两年期更新报告

资料来源：笔者根据相关资料整理。

但是，德国和加拿大政府为第26届联合国气候变化大会（COP26）提供的《气候融资实施计划》显示，发达国家未能如期实现每年提供1000亿美元气候援助的目标。这一承诺要推迟到2023年才能兑现。

---

① 山东省国资委. 联合国绿色气候基金（GCF）在我国首个项目落地威海 [EB/OL].http：//www.sasac.gov.cn/n2588025/n2588129/c26895429/content.html.

② 资料来源：中央财经大学绿色金融国际研究院。

二、气候资金需求侧概况

由于适应和减缓气候变化涉及低碳能源、节能、农业、水资源、森林碳汇等很多领域，因此气候变化工作的有效落实需要巨大资金量。

根据柴麒敏等（2019）学者的研究，2016—2030年，中国实现国家自主贡献的总资金需求规模约56万亿元人民币，年均约3.7万亿元人民币，相当于2016年中国全社会固定资产投资总额的6.3%。其中，平均每年减缓和适应气候变化的资金需求分别约占57%和43%，分别达2.1万亿元人民币和1.6万亿元人民币。随着减缓气候变化力度的提高和面临的气候变化风险的增加，年均应对气候变化资金需求呈现加速增长态势，将从"十三五"时期的年均约2.9万亿元人民币，上升到"十四五"时期的年均约3.8万亿元人民币和"十五五"时期的年均约4.5万亿元人民币[1]。

分领域来看，2021—2025年，我国减缓气候变化共需资金约10.92万亿元人民币，其中低碳能源项目资金需求约6.09万亿元，涉及水电、核电、风电等细分项目，各细分项目资金需求基本在1万亿元左右；节能项目资金需求约4.39万亿元，涉及交通、建筑、工业和能源供应等细分项目，各细分项目资金需求也基本在1万亿元左右，能源供应的资金需求略少，为0.69万亿元；森林碳汇项目资金需求为0.44万亿元。

2021—2025年，我国适应气候变化共需资金约7.89万亿元人民币，其中基础设施所需资金最多，约4.64万亿元；其次是森林和其他生态系统，约需1.55万亿元；海岸带和相关海域所需资金相比其他项目较少，约0.07万亿元，具体参见表3–2。

---

[1] 柴麒敏，傅莎，温新元，等.中国实施2030年应对气候变化国家自主贡献的资金需求研究 [J].中国人口·资源与环境，2019，29（4）.

表3-2 2021—2025年我国应对气候变化的分领域资金需求

应对气候变化领域	项目		金额（万亿元）
减缓气候变化	低碳能源	水电	0.24
		核电	0.87
		风电	0.96
		太阳能	0.95
		其他	0.04
		天然气	1.38
		电网	1.64
		小计	6.08
	节能	交通	1.23
		建筑	1.29
		工业	1.18
		能源供应	0.69
		小计	4.39
	森林碳汇		0.44
	总计		10.91
适应气候变化	基础设施		4.64
	农业		0.64
	水资源		0.55
	海岸带和相关海域		0.07
	森林和其他生态系统		1.55
	人体健康		0.43
	小计		7.88

数据来源：柴麒敏，傅莎，温新元，等.中国实施2030年应对气候变化国家自主贡献的资金需求研究 [J]. 中国人口·资源与环境，2019，29（4）.

基于气候资金供给侧和需求侧的分析及对比，可以发现与2022—2025年年均3.73万亿元的气候资金需求相比，我国每年仍将面临较大的气候资金缺口。因此，大力发展气候投融资，多元化和创新投融资工具以有效引导更多的资金流入应对气候变化领域是缩小资金缺口的重要途径之一。

三、气候投融资工具应用现状

2022年，中国人民银行等四部门联合印发《金融标准化"十四五"发展规划》，提出绿色金融的有序发展需要遵循"国内统一，国际接轨"的原则，并且提出建立一套完备、明确和可实操的标准是绿色金融实现有序发展的重要保证。

根据Wind数据显示，2022年中国可统计的主要责任投资类型的市场规模约为24.6万亿元，同比增长约33.4%。其中，绿色信贷余额约20.9万亿元，ESG公募证券基金规模约4984.1亿元，绿色债券市场存量约1.67万亿元，可持续发展挂钩债券市场存量约1059.9亿元，社会债券市场存量约6620.2亿元，转型债券市场存量约300.2亿元，可持续理财产品市场存量约1049亿元，ESG私募股权基金规模约2700亿元，绿色产业基金约3610.77亿元，具体参见图3-1。

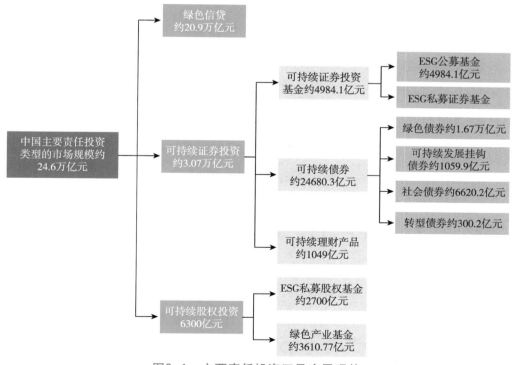

图3-1 主要责任投资工具应用现状

基于此，本报告主要分析2022年气候投融资工具应用现状，具体涵盖碳市场、债券、信贷、基金、股票和ESG等。

（一）碳市场

2022年，全国碳市场的建设步伐稳中有进，工作重点集中于数据质量治理体系与碳配额分配方案的完善。相较2021年，2022年全国碳市场呈现量跌价升的态势。根据《2022中国碳市场年报》，2022年碳排放配额（CEA）成交量约5089万吨，成交额约28亿元人民币，CEA收盘价和年内成交均价分别为55元/吨和55.3元/吨。

2022年，全国碳市场共计成交约795.9万吨中国核证自愿减排量（CCER），同比下降95.46%，成交量的月度分布和地域分布均较为集中。我国地方试点碳市场整体成交量也有所下降，相较2021年年降幅达18%，仅有湖北省、上海市和福建省碳市场成交量增加。2022年各试点碳市场的交易均价全部上涨，价格涨幅在15%及以上。其中，深圳市碳市场碳价涨幅最高，达到286%；北京市、广东省、福建省碳市场碳价涨幅在50%及以上。根据复旦碳价指数，CCER价格区间由2022年初的约35元/吨，上涨约71.43%，达到60元/吨。基于此，各试点碳市场总成交额也有所提高，由2021年的约21.2亿元增加至2022年的约26.5亿元，涨幅达25%。湖北省、深圳市、福建省和上海市碳市场成交额均呈现增加态势，但天津市、广东省、北京市和重庆市碳市场成交额出现小幅度下降。

1. 碳排放权交易市场

2022年，CEA成交总量约为5088.95万吨，较2021年下降71.54%，成交总额为28.14亿元，较2021年下降63.27%。原因在于一方面成交均价由2021年的42.85元/吨上升至55.30元/吨，另一方面在于我国碳市场的履约周期安排为2年，2022年底没有履约清缴要求，2021年底完成2019—2020年第一履约期的履约清缴；2023年底完成2021—2022年第二履约期的履约清缴。同时，2022年CEA挂牌成交量约为621.90万吨，较2021年下降79.79%，挂牌成交额约为3.58亿元，较2021年下降75.33%，下降幅度均大于成交总量和总额。与该趋势相同，2022年大宗协议成交量约为4467.05万吨，较2021年下降69.82%，大宗协议成交额约为24.56亿元，较2021年下降60.45%，但大宗协议成交仍然是CEA的主要成交方式。此外，成交均价由2021年的42.85元/吨上升至2022年的55.30元/吨，升幅29.05%，2022年的收盘价为55.00元/吨，仅比2021年上升1.44%，具体参见表3-3。

表3-3　2021—2022年我国碳排放权交易市场情况

项目	2021年	2022年	Δ 2022—2021
成交总量（万吨）	17878.93	5088.95	−71.54%
成交总额（亿元）	76.61	28.14	−63.27%
挂牌成交量（万吨）	3077.46	621.90	−79.79%
挂牌成交额（亿元）	14.51	3.58	−75.33%
大宗协议成交量（万吨）	14801.48	4467.05	−69.82%
大宗协议成交额（亿元）	62.10	24.56	−60.45%
成交均价（元/吨）	42.85	55.30	29.05%
收盘价（元/吨）	54.22	55.00	1.44%

数据来源：上海环境能源交易所。

详细来看，2022年12月我国碳排放权交易市场大宗协议月成交量最大，为2515.10万吨，占全年成交量的56.30%，其次是1月和11月，月成交量分别是687.10万吨和466.40万吨，分别占全年成交量的15.38%和10.44%，其他月份成交量均较小，2022年9月没有成交量发生。与之类似，2022年11月我国碳市场挂牌月成交量最大，为263.40万吨，其次是12月的110.20万吨和1月的99.20万吨，三个月成交量之和占全年成交量的76.03%，其他月份成交量也较小，其中6月成交量最小，为0，具体参见图3-2。由此可见，我国碳排放权交易市场的交易具有显著的季节性特征，交易主要集中在年初和年末。

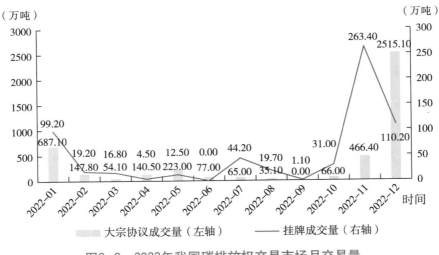

图3-2　2022年我国碳排放权交易市场月交易量

（数据来源：上海环境能源交易所）

2. 核证自愿减排量市场

根据四川联合环境交易所数据，2022年，中国核证自愿减排量（CCER）交易量约为795.9万吨，同比下降95.46%，原因在于一方面2022年没有CCER清缴抵消的需求，另一方面在于市场中剩余的可交易流通的CCER数量比较有限，远低于第一履约期的可流通数量。

从各地CCER成交量来看，首先是2022年上海环境能源交易所CCER成交量最高，约为290.2万吨。其次是天津排放权交易所，CCER成交量为265.1万吨。最后是四川联合环境交易所，其CCER成交量为197.2万吨。这三家地方交易中心的CCER成交量之和占地方市场总成交量的87.42%。其他六家交易中心的CCER成交量之和仅占12.58%，其中，海峡股权交易中心的CCER成交量最低，仅为0.9万吨，具体参见图3-3。由此可见，现阶段不同交易中心的交易量具有显著的区域不均衡性。

根据四川联合环境交易所数据，CCER成交主要集中于上半年的1月、3月和6月。由于CCER普遍采用线下协商交易、价格透明性低，2022年CCER的成交价格位于20元/吨至80元/吨的区间，并根据CCER的项目类型、所属

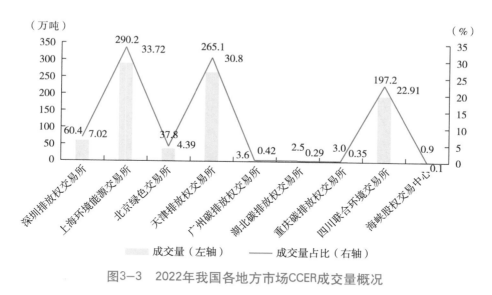

图3-3　2022年我国各地方市场CCER成交量概况

（数据来源：四川联合环境交易所）

地域等的不同而不同。据复旦大学可持续发展研究中心调查，北京市、上海市和广州市的CCER价格指数最高，并且不同市场抵消履约所用的CCER价格呈现明显分化的态势。

3.地方碳市场

2022年，地方试点碳市场总体成交量呈现下降的趋势，由2021年的约6157.5万吨下降到5056.9万吨，降幅约17.87%。具体到个体试点碳市场，交易活跃度也有所下降，广东省碳市场的成交量由2021年的2751万吨下降到2022年的1461万吨，降幅最大，为46.89%，只有湖北省、上海市和福建省碳市场的成交量有所上升。其中，福建省碳市场的成交量由2021年的222万吨增加到766万吨，增幅最高，为245.05%，具体参见图3-4。

2022年，各地方试点碳市场的交易均价均有所上涨，涨幅均在15%以上。其中，深圳市碳市场碳价涨幅高达285.57%，其次是广东省碳市场碳价涨幅为85%，天津市碳市场的碳价涨幅最小，为16.32%。同时，北京市碳市场的碳价仍然是最高的，为93.32元/吨；福建省碳市场的碳价最低，为24.75元/吨，具体参见图3-5。

23

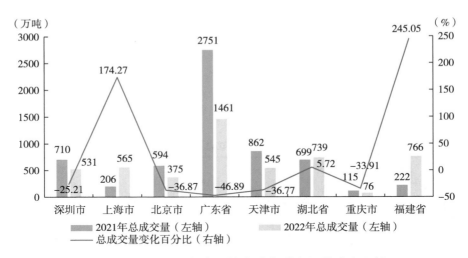

图3-4　2021—2022年我国地方试点碳市场总成交量情况

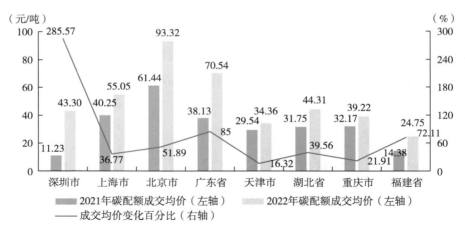

图3-5　2021—2022年我国地方试点碳市场碳配额成交均价情况

　　根据地方碳市场的成交量，再结合碳价，虽然广东省碳市场成交量2022年相较2021年几乎减半，但是总成交额与2021年相差无几，仅下降2000万元。同样，虽然深圳市碳市场成交量下降25.21%，但是在碳价上升的情况下，其成交额较2021年上升了187.50%。在成交量和碳价的共同作用下，北京市、天津市和重庆市碳市场的成交额较2021年仍有不同程度的下降，具体参见图3-6。

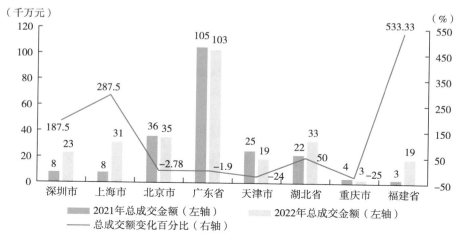

图3-6　2021—2022年我国地方试点碳市场总成交额情况

（二）债券

2022年3月，深交所第一批蓝色债券发行，实现了蓝色债券在银行间市场和交易所市场的全覆盖。2022年5月，中国银行间市场交易商协会发布《关于开展转型债券相关创新试点的通知》，正式推出转型债券产品。2022年7月，中国绿色债券标准委员会发布《中国绿色债券原则》，意味着国内初步建立了统一的、与国际接轨的绿色债券标准，这有助于促进绿色债券市场高质量发展。该原则明确了绿色债券的品种包括普通绿色债券（含蓝色债券、碳中和债两个子品种）、碳收益（环境相关权益）绿色债券、绿色项目收益债券和绿色资产支持证券四个品类。2022年10月，海南省财政厅发行了蓝色债券，开启了地方政府首次发行蓝色债券的先例。

1. 贴标绿色债券和非贴标绿色债券[1]

绿色债券分为非贴标绿色债券和贴标绿色债券[2]。2022年非贴标绿色债券规模约为9099.4亿元，其中，非贴标在岸绿色债券发行规模约为

---

① 该部分数据除特别说明外，均来自中节能衡准科技服务有限公司。

② 贴标绿色债券是指发行阶段债券通过监管部门绿色认证，批文中有绿色标识的债券；非贴标绿色债券指未经专门贴标但实际募集资金投向绿色产业的债券。

8767.27亿元，非贴标离岸绿色债券发行规模约为332.13亿元。根据中债研发中心发布的《中国债券市场概览（2022年版）》，贴标绿色债券发行规模约为9130.28亿元。其中，贴标绿色债券包含在岸贴标绿色债券8880.52亿元和离岸贴标绿色债券249.76亿元。

2022年，我国共发行582只非贴标绿色债券，均采用公募方式发行，债券的平均发行期限为8.05年，平均票面利率为2.83%，平均债券发行规模约为15.06亿元人民币，债券发行规模标准差为21.09，说明债券发行规模离散程度较大。同时，50%的非贴标绿色债券进行了发行评级，且仅有深圳市地铁集团有限公司发行的两只债券评级结果为A−，其他非贴标绿色债券评级结果均在AA及以上。

与之相比，2022年，我国共发行711只贴标绿色债券，55.13%的贴标绿色债券采用公募方式发行，债券的平均发行期限为3.83年，债券平均发行规模12.84亿元，两者均小于非贴标绿色债券，但债券发行规模标准差为27.78，说明贴标绿色债券发行规模离散程度较非贴标绿色债券大。其中，中国银行发行的两笔绿色金融债发行规模最大，达300亿元/只。值得一提的是，贴标绿色债券的平均票面利率为2.77%，比非贴标绿色债券的平均票面利率低0.06个百分点，具体参见表3−4。同时，51.90%的贴标绿色债券进行了发行评级，且评级结果均在A+及以上。

表3−4　2022年绿色债券基本信息

绿色债券类别	债券基本信息	均值	标准差	最小值	最大值
非贴标绿色债券	债券期限（年）	8.05	9.92	0.16	30.00
	票面利率（%）	2.83	0.74	1.47	7.5
	债券发行规模（亿元人民币）	15.06	21.09	0.13	200
贴标绿色债券	债券期限（年）	3.83	4.03	0.10	22.00
	票面利率（%）	2.77	1.36	0	8.5
	债券发行规模（亿元人民币）	12.84	27.78	0	300

注：非贴标绿色债券不包含离岸非贴标绿色债券。

综合来看，绿色债券票面利率与发行期限保持正相关关系，票面利率随着发行期限的增加而增加，并得到票面利率与发行期限向右上方倾斜的拟合曲线，具体参见图3-7。

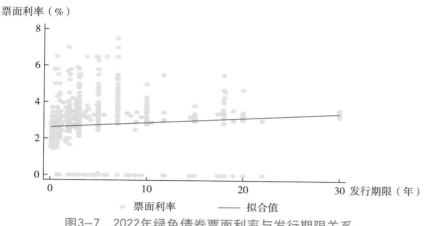

图3-7　2022年绿色债券票面利率与发行期限关系

2022年，在岸贴标绿色债券中，400只债券在银行间交易市场交易，231只债券在上海证券交易所交易，52只债券在深圳证券交易所交易，而28只离岸贴标绿色债券均在香港交易所交易。可见，目前我国的绿色贴标债券主要是在岸且集中在银行间市场进行交易。

同时，银行间交易市场和深圳证券交易所交易的贴标绿色债券票面利率均值相同，为2.72%，上海证券交易所交易的贴标绿色债券票面利率均值比前者略高，香港交易所交易的离岸贴标绿色债券票面利率均值最高，为3.58%。与此同时，香港交易所交易的离岸贴标绿色债券票面利率离散程度最大，利率区间为[0，8.5%]，而银行间交易市场交易的贴标绿色债券票面利率的标准差为1.05，离散程度最小，具体参见表3-5。

在此基础上，贴标绿色债券所带来的环境效益也是不容小觑的。2022年，贴标绿色债券支持项目实现节水量约85811070.31吨，二氧化碳减排量198547.42万吨，二氧化硫减少2709145.35吨，并实现碳汇效益51.20万吨碳和环境效益对应规模4400.22亿元人民币，具体参见表3-6。

表3-5　2022年贴标绿色债券市场的票面利率

交易场所	债券发行数量（只）	均值（%）	标准差	最小值	最大值（%）
银行间交易市场	400	2.72	1.05	0	7
上海证券交易所	231	2.76	1.70	0	7
深圳证券交易所	52	2.72	1.41	0	6.3
香港交易所	28	3.58	1.80	0	8.5

表3-6　2022年贴标绿色债券的环境效益

环境项目	环境效益
节能量（万吨标准煤/年）	72984.50
二氧化碳减排量（万吨/年）	198547.42
化学需氧量减排量（吨/年）	1275818.94
生物需氧量减排量（吨/年）	450267.07
氨氮减排量（吨/年）	135483.70
二氧化硫减排量（吨/年）	2709145.35
氮氧化物减排量（吨/年）	3322904.75
节水（吨/年）	85811070.31
固体悬浮物减排量（吨/年）	563257.74
总氮减排量（吨/年）	96113.11
总磷减排量（吨/年）	20330.41
碳汇效益（万吨碳/年）	51.20
烟尘减排量（万吨/年）	9.72
颗粒物减排量（万吨/年）	582.49
环境效益对应规模（亿元人民币）	4400.22

注：环境效益范围和募投项目范围不一致时填写环境效益对应规模。

2.“投向绿”债券[①]

2022年，境内主体发行“投向绿”债券共计964只，发行规模共计约

---

① “投向绿”债券指募集资金投向符合我国《绿色债券支持项目目录》、国际资本市场协会（ICMA）《绿色债券原则》、气候债券倡议组织（CBI）《气候债券分类方案》这三项绿色债券标准之一，且投向绿色产业项目的资金规模在募集资金中占比不低于贴标绿色债券规定要求的债券。

15295.08亿元人民币，单只债券最大发行规模达300亿元人民币，基本采用公募发行方式。按照期限划分，"投向绿"中期债券无论是发行数量还是发行规模都是最大的，发行数量460只，发行规模占比为54.40%。"投向绿"短期债券发行数量是长期债券的2倍多，但是两者发行规模几乎持平。与此同时，由于数据的可获得性，也存在少量到期日信息缺失债券，参见图3-8。

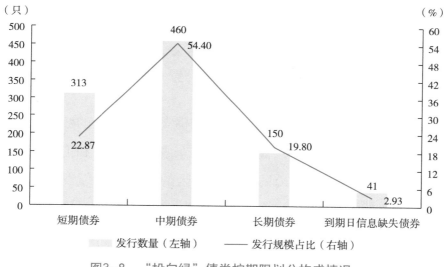

图3-8　"投向绿"债券按期限划分构成情况

根据Wind债券一级分类，"投向绿"债券主要集中于地方政府债、短期融资券和金融债，其中，"投向绿"地方政府债发行规模约为3894.97亿元人民币，在"投向绿"债券中占比最大，为25.48%。短期融资券的发行数量最多，为309只。金融债发行数量为59只，发行规模为3265.57亿元人民币，居第三位，平均每只债券发行规模约为55.35亿元人民币，仅次于政府支持机构债的平均每只发行规模120亿元人民币和可交换债的平均每只发行规模100亿元人民币。同时，2022年，国际机构债和可交换债均只发行了1只，具体参见图3-9。

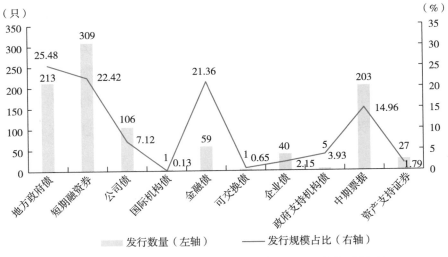

图3-9 "投向绿"债券按Wind债券一级分类构成情况

2022年"投向绿"债券中的地方政府债湖南省发行的数量最多，为23只；其次是浙江省、天津市、湖北省、广东省、河北省和上海市，地方政府债券的全年发行量在10~20只，其他地区的地方政府债发行量均低于10只，河南省的地方政府债发行数量最低，为1只，具体参见图3-10。

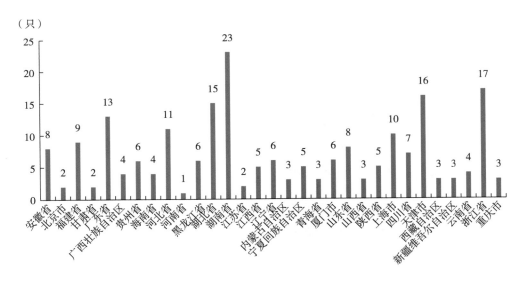

图3-10 2022年"投向绿"债券中地方政府债的区域分布

"投向绿"债券的主要投向行业囊括能源、建筑、工业、交通、信息技术和通信、农业和林业等诸多领域。但由于数据获得的有限性，2022年发行的"投向绿"债券未注明行业或领域投向的债券为728只，其中478只债券是非气候债券，可以明确投向领域的债券仅占24.48%。在明确投向领域的"投向绿"债券中，投向能源的债券数量居多，为81只；其次，是投向交通领域，为41只。2022年，没有投向信息技术和通信及农业和林业领域的"投向绿"债券。在投向气候适应项目的39只"投向绿"债券中，主要是短期融资券、中期票据及少量的公司债和企业债，没有相关地方政府债和金融债的发行，具体参见图3-11。

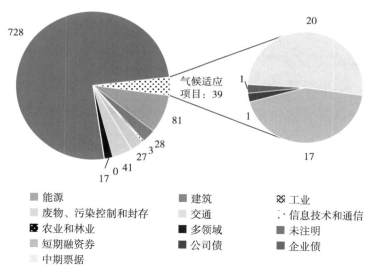

图3-11　2022年"投向绿"债券投向行业或领域构成

3. 可持续发展挂钩债券

2022年，可持续发展挂钩债券共计发行51只，发行利率区间在2.40%~6.50%，债券期限集中在2~5年，合计规模约683亿元人民币。其中，普通企业发行人集中在能源电力、交通运输、建筑建材等高耗能和高碳排放行业。在低碳"转型"挂钩债券方面，2022年共计发行19只，发行利率区间在2.60%~3.20%，债券期限集中在2~5年，合计规模约224亿元人民币。发行人多集中在电力、建筑与工程、石油天然气等燃料行业。在环境绩效方面，已发行可持续发展挂钩债券和低碳转型挂钩债券一般会根据发行人自身战略发展和经营业务实际，选择具有紧密相关性，并且可被定量计算的关键环境绩效指标（KPI），指标数量通常为1~2个。

根据中央结算公司中债研发中心和中央结算公司深圳分公司共同发布的《转型金融下的债券市场研究》显示，在交易所"转型"债券和银行间"转型"债券方面，2022年共计发行14只，发行利率区间在2.14%~4.00%，债券期限集中在2~3年，合计规模约76.3亿元人民币。发行人集中在电力、石油天然气燃料、采掘和化工行业。在环境绩效方面，现有"转型"债券主要关注节能和碳减排两个领域。

4.产品创新

2022年，中央结算公司首次在国内推出了"标准化绿色债券担保品管理产品"，为投资者提供更加多元化的融资路径。根据中债研发中心发布的《中国债券市场概览（2022年版）》，截至2022年末，中央结算公司绿色债券担保品管理总额超过450亿元人民币，产品签约客户数量93家，标准化新产品应用规模同比增长约7倍。

（三）信贷

2022年6月，银保监会发布《银行业保险业绿色金融指引》，从政策的高度要求银行保险机构推进绿色金融发展进程，加大对绿色、低碳和循环经济的支持力度。该指引将银行业的非信贷业务、保险业的承保和资管业务纳入进来，估计相应的资产规模可达数十万亿元人民币。

同时，自中国人民银行创设碳减排支持工具和支持煤炭清洁高效利用专项再贷款以来，截至2022年上半年，碳减排支持工具累计发放资金约为1827亿元人民币，支持煤炭清洁高效利用专项再贷款累计发放资金约为

357亿元，分别撬动贷款3045亿元和439亿元，共计减排6000万吨二氧化碳当量。

基于此，2022年，我国本外币绿色贷款第一季度贷款余额约为18.07万亿元，接下来的三个季度均实现了不低于6.70%的环比增长，其中第二季度本外币绿色贷款余额环比增长达8.19%。同时，2022年本外币绿色贷款余额第四季度的环比增长均在38.5%以上，较2021年有了较大幅度的提升且该增幅大于2021年28%的均值增幅，具体参见图3-12。

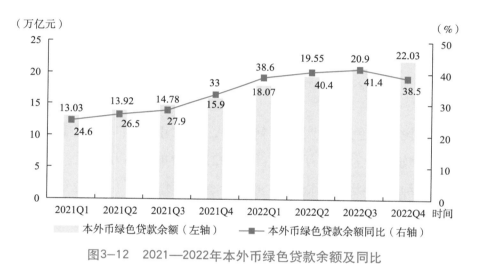

图3-12 2021—2022年本外币绿色贷款余额及同比

在碳减排效益项目贷款方面，2022年我国直接碳减排效益项目贷款余额由第一季度的7.79万亿元增加至8.62万亿元，增幅为10.65%；同期，我国间接碳减排效益项目贷款余额由第一季度的4.22万亿元逐渐增加至6.08万亿元，增幅为44.08%。在此基础上，无论是直接碳减排效益项目贷款余额还是间接碳减排效益项目贷款余额，较2021年均实现了同比增长。其中，间接碳减排效益项目贷款余额平均增幅86.85%，显著高于直接碳减排效益项目贷款余额平均增幅19.41%。在此驱动下，直接碳减排效益项目贷款余额与间接碳减排效益项目贷款余额的差额由2021年第一季度的约4.18万亿元缩小至2022年第四季度的约2.54万亿元，具体参见图3-13。

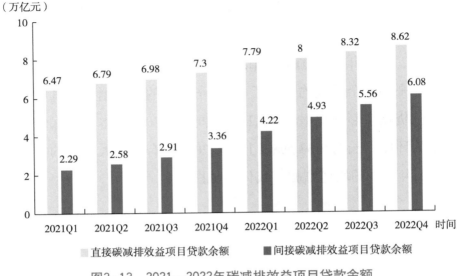

图3-13　2021—2022年碳减排效益项目贷款余额

在基础设施绿色升级产业贷款方面，2022年我国基础设施绿色升级产业贷款余额均值约为9.07万亿元，较2021年增加2.23万亿元。同时，2022年基础设施绿色升级产业贷款均实现了季度性增长，由2022年第一季度的8.27万亿元增加至第四季度的9.82万亿元，且2022年同比增长幅度均高于2021年同比增长幅度，具体参见图3-14。

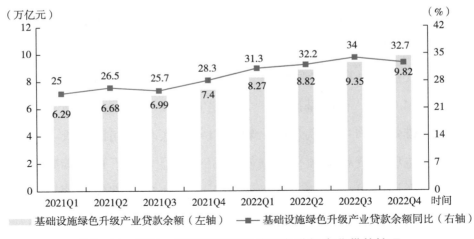

图3-14　2021—2022年基础设施绿色升级产业贷款情况

在清洁能源产业贷款方面，2022年我国清洁能源产业贷款余额季度均值为5.20万亿元，较2021年增长38.85%，季度同比增幅均在34.9%及以上，显著高于2021年季度同比增幅。同时，2022年我国清洁能源产业贷款余额前三个季度同比均有所增长，但第四季度同比增幅下降为34.9%。在此基础上，我国清洁能源产业贷款余额在2022年均实现了季度性增长，具体参见图3-15。

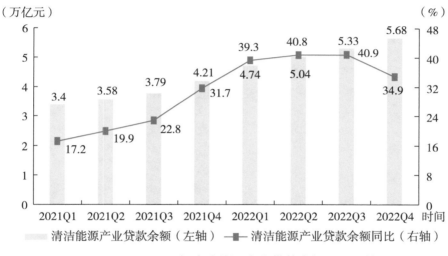

图3-15　2021—2022年清洁能源产业贷款余额及同比情况

在交通运输、仓储和邮政业绿色贷款方面，2022年我国交通运输、仓储和邮政业绿色贷款前三个季度均实现了正增长，由第一季度的4.36万亿元增加至第三季度的4.48万亿元，但是，第四季度跌至3.08万亿元。同时，2022年季度同比增幅均低于2021年季度同比增幅，2022年前三个季度同比增幅均在10%以上，但第四季度同比增幅则跌至-25.4%，具体参见图3-16。

2022年，电力、热力、燃气及水生产和供应业绿色贷款由第一季度的4.82万亿元上升至第四季度的5.62万亿元，同比增长均在27.4%及以上，且均高于2021年同比增长速度，但是2022年第四季度的同比增幅比第三季度降低3.4个百分点，具体参见图3-17。

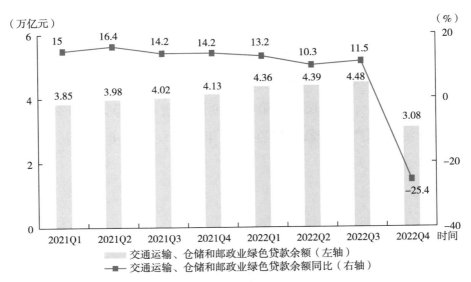

图3-16　2021—2022年交通运输、仓储和邮政业绿色贷款

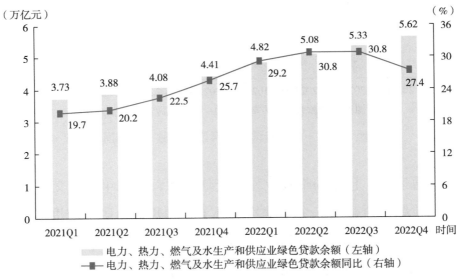

图3-17　2021—2022年电力、热力、燃气及水生产和供应业绿色贷款

（四）基金

根据Wind数据库显示，截至2022年12月31日，中国ESG公募基金共有624只，总规模合计约5182亿元。相较于全市场公募基金约26万亿元的总规

模，ESG公募基金比例仅占约2%。从数量上看，2021年和2022年ESG公募基金成立数量增长较快。2021年新成立ESG公募基金为162只，同比增加109只；2022年新成立ESG公募基金为172只，同比增长6.17%，意味着资产管理机构对于ESG产品的重视程度不断提升。从规模来看，2020年ESG公募基金年成立规模为664.92亿元人民币，2021年ESG公募基金年成立规模为932.24亿元人民币，较2020年增长40.2%，但2022年新成立的ESG公募基金规模仅为435.55亿元人民币，较2021年下降53.28%，具体参见表3-7。

表3-7　ESG公募基金2020—2022年成立数量和规模

年份	数量（只）	规模（亿元人民币）
2020	53	664.92
2021	162	932.24
2022	172	435.55

数据来源：Wind数据库。

关于碳中和、低碳相关的基金，2022年我国发行29只，几乎是2021年发行数量的2倍。其中，2022年累计发行规模262.80亿元，较2021年增加110.13亿元，ETF基金10只，指数基金12只，分别较2021年均增加5只，分级基金和主动标识基金均为15只，分别较2021年增加6只和8只，具体参见表3-8。

表3-8　2021—2022年碳中和、低碳相关基金

年份	累计发行规模（亿元）	ETF基金（只）	LOF基金（只）	QDII基金（只）	指数基金（只）	分级基金（只）	主动标识基金（只）
2021	152.67	5	0	0	7	9	7
2022	262.80	10	0	1	12	15	15

数据来源：国泰安数据库。

从投资对象的角度来看，在2022年发行的碳中和、低碳基金中，股票型基金、混合型基金和债券型基金都有不同程度的增长。其中，股票型基金增加了6只，混合型基金增加了7只，债券型基金增加了1只，具体参见图3–18。由此可见，2022年我国的碳中和、低碳基金以混合型和股票型基金为主。

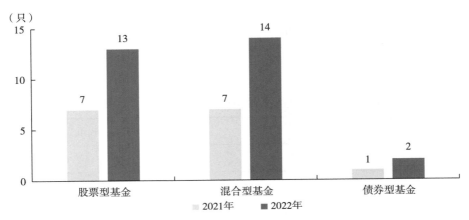

图3–18　2021—2022年碳中和、低碳基金的基金类别

（数据来源：国泰安数据库）

据国泰安数据库，从投资风格的角度来看，在2022年发行的碳中和、低碳基金中平衡型基金、收益型基金、指数型基金和成长型基金也均有不同程度的增长。其中，平衡型基金由2021年的7只增加到2022年的14只；收益型基金较2021年增加1只；指数型基金较2021年增加5只，尤其是成长型基金实现了零的突破，具体参见图3–19[①]。因此，我国的碳中和、低碳基金目前集中于平衡型基金和指数型基金，但也在积极尝试更加多元化的投资风格以助力碳中和。

---

① 数据来源：国泰安数据库。

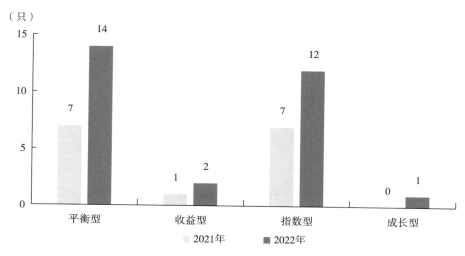

图3-19 2021—2022年碳中和、低碳基金的投资风格

（数据来源：国泰安数据库）

在销售服务费率方面，2022年碳中和、低碳基金销售服务费率集中于[0.20%，1.00%]区间，并且40%的基金销售服务费率为0.40%。管理费率集中于两个区间：[0.15%，0.50%]和[1.40%，1.60%]，并且分布于后者区间的基金数量占比较多，为51.72%。托管费率相较销售服务费率和管理费率整体较低，集中于[0.05%，0.25%]，其中托管费率为0.10%和0.25%的基金数量占比最高，均为37.93%，具体参见表3-9。

表3-9 2022年碳中和、低碳基金三大费率分布

费率（f）区间	基金发行数量（只）		
	销售服务费率（%）	管理费率（%）	托管费率（%）
$0 \leq f < 0.20\%$	0	1	16
$0.20\% \leq f < 0.40\%$	4	4	13
$0.40\% \leq f < 0.60\%$	7	9	0
$0.60\% \leq f < 0.80\%$	2	0	0
$0.80\% \leq f < 1.00\%$	2	0	0
$1.00\% \leq f < 1.20\%$	0	0	0
$1.20\% \leq f < 1.40\%$	0	0	0

续表

费率（f）区间	基金发行数量（只）		
	销售服务费率（%）	管理费率（%）	托管费率（%）
1.40%≤f<1.60%	0	15	0
合计	15	29	29

数据来源：国泰安数据库。

注：部分销售服务费率数据有缺失。

2022年碳中和、低碳基金的净值增长率均值为-1.94%，较业绩比较基准收益率[①]下降-0.16%，但是净值增长率标准差1.72大于业绩比较基准收益率标准差1.34。标准差即风险，这意味着2022年碳中和、低碳基金的实际收益较低，但承担的风险较大，具体参见表3-10。

表3-10　2022年碳中和、低碳基金增长率与标准差

项目	均值（%）	标准差	最小值（%）	最大值（%）
净值增长率	-1.94	11.87	-24.90	26.05
净值增长率标准差	1.72	0.56	0.04	2.79
业绩比较基准收益率	-1.78	9.15	-18.81	15.43
业绩比较基准收益率标准差	1.34	0.45	0.03	2.27
净值增长率减去业绩比较基准收益率	-0.16	6.08	-15.76	20.88
净值增长率标准差减去业绩比较基准收益率标准差	0.38	0.53	-0.96	2.02
样本量	348	348	348	348

数据来源：国泰安数据库。

注：最早开始日期为2022年1月1日，最晚截止日期为2022年12月31日。

在此基础上，2022年碳中和、低碳基金的净值增长率随着其标准差的增加而增加，两者成正比例关系，符合预期，具体参见图3-20。但是，净

[①] 业绩比较基准是指理财产品管理人根据产品投资范围、策略和市场等测算得出的参考指标。需要注意的是，业绩比较基准是根据当前市场数据测算出的结果，由于市场存在不可预测性，因此该指标不代表未来实际收益，也不代表该产品的过往历史业绩。

值增长率和其标准差拟合的曲线虽然向右上方倾斜，但趋于平缓，斜率较小，同样意味着现阶段碳中和、低碳基金的净值增长率有待提升，以匹配其对应的风险。

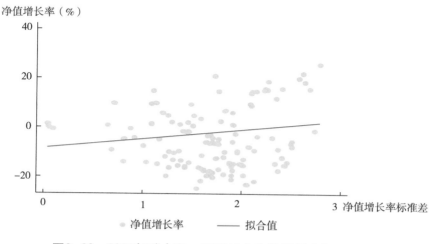

图3-20　2022年碳中和、低碳基金净值增长率与标准差

据国泰安数据库，2022年碳中和、低碳基金开盘价均值为0.86元，收盘价均值为0.86元，最高价均值为0.87元，最低价均值为0.85元，日成交金额为52470605.37元，日均换手率为0.05，日均跌停价为0.77元，日均涨停价为0.95元，日均总市值为1193442573.79元，考虑现金红利的收盘价可比平均价格为0.91元，日均流通份额为1256435650.39份。

（五）股票

碳中和作为我国未来重要的发展战略，将对我国社会经济结构产生重大的影响。第一，电力能源将迎来深度脱碳，风光发电将成为主要能源。光伏、风电和储能产业将极大受益。第二，非电力部门更加清洁化和电力化。新能源车和装配式建筑等行业也存在持续发展机会。第三，碳排放端深度绿化。以生物降解塑料为代表的环保产业会得到显著发展。加大清洁能源结构占比；加速各部门电气化进程；减少非必要的能源消费量（包括工业节能、建筑节能等）和使用碳汇集或移除技术将成为碳减排的重要措施。

在一系列政策和措施的指引和鼓励下，我国碳中和概念股应势而起，逐渐受到投资者的青睐。2022年，碳中和概念股日开盘价均值为14.43元，日收盘价均值为14.43元，日最高价均值为14.78元，日最低价均值为14.10元，其中，日最高价离散度最大，为28.05。无论是否考虑现金红利，日个股的回报率均为负值，说明碳中和产业的增长空间较大，具体参见表3-11。

表3-11　2022年碳中和概念股日交易信息

信息类别	均值（元）	标准差	最小值（%）	最大值（%）
日开盘价	14.43	27.21	1.37	456.03
日最高价	14.78	28.05	1.4	456.03
日最低价	14.10	26.41	1.35	438
日收盘价	14.43	27.25	1.37	453.2
日个股交易股数	2.70×10^7	$4.53e \times 10^7$	76039	8.55×10^8
日个股交易金额	2.19×10^8	3.90×10^8	1022730	6.54×10^9
日个股流通市值	1.28×10^7	3.34×10^7	410780	4.44×10^8
日个股总市值	1.68×10^7	3.74×10^7	685279.8	4.44×10^8
考虑现金红利再投资的日个股回报率	−0.000234	0.0315967	−0.196195	1.193805
不考虑现金红利的日个股回报率	−0.0002725	0.0316109	−0.196195	1.193805
考虑现金红利再投资的收盘价的可比价格	61.85	133.03	2.32	2146.31
不考虑现金红利的收盘价的可比价格	54.65	118.87	2.25	1908.09

数据来源：国泰安数据库。

同时，碳中和概念股主要分布于北京市、广东省、浙江省和江苏省等经济较发达地区。其中，位于北京市的碳中和概念股企业最多，为26家。而贵州省、海南省、内蒙古自治区、广西壮族自治区和宁夏回族自治区碳中和概念股企业最少，均为1家。其他地区的碳中和概念股企业分布差距较小，具体参见图3-21。

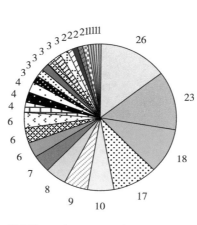

□北京市：26家	▣广东省：23家	▣浙江省：18家	▣江苏省：17家
□湖南省：10家	▤河南省：9家	▥上海市：8家	▦山东省：7家
▨安徽省：6家	⊠福建省：6家	▥四川省：6家	▦河北省：4家
■新疆维吾尔自治区：4家	□吉林省：4家	▦辽宁省：3家	▦重庆市：3家
▦天津市：3家	⊠湖北省：3家	⊠黑龙江省：3家	⊠陕西省：3家
□山西省：2家	■云南省：2家	▦江西省：2家	▦甘肃省：2家
□贵州省：1家	▦内蒙古自治区：1家	▦广西壮族自治区：1家	□宁夏回族自治区：1家
▦海南省：1家			

图3-21 2022年碳中和概念股各地区分布

（数据来源：国泰安数据库）

碳中和概念股行业主要分布于生态保护和环境治理业，电力、热力生产和供应业，软件和信息技术服务业，电气机械及器材制造业，化学原料及化学制品制造业，土木工程建筑业，专业技术服务业和仪器仪表制造业。其中，生态保护和环境治理业碳中和概念股企业最多，为23家。而在建筑安装业、废弃资源综合利用业、化学纤维制造业等分布最少，均为1家。其他行业的碳中和概念股企业分布差距较小，具体参见图3-22。

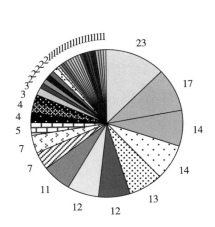

生态保护和环境治理业：23家　　　电力、热力生产和供应业：17家
软件和信息技术服务业：14家　　　电气机械及器材制造业：14家
化学原料及化学制品制造业：13家　土木工程建筑业：12家
专业技术服务业：12家　　　　　　仪器仪表制造业：11家
通用设备制造业：7家　　　　　　　专用设备制造业：7家
非金属矿物制品业：5家　　　　　　造纸及纸制品业：4家
开采辅助活动：4家　　　　　　　　资本市场服务：3家
石油加工、炼焦及核燃料加工业：3家　房地产业：2家
金属制品业：2家　　　　　　　　　木材加工及木、竹、藤、棕、草制品业：2家
石油和天然气开采业：2家　　　　　燃气生产和供应业：2家
建筑安装业：1家　　　　　　　　　批发业：1家
家具制造业：1家　　　　　　　　　道路运输业：1家
汽车制造业：1家　　　　　　　　　医药制造业：1家
畜牧业：1家　　　　　　　　　　　废弃资源综合利用业：1家
林业：1家　　　　　　　　　　　　农副食品加工业：1家
科技推广和应用服务业：1家　　　　橡胶和塑料制品业：1家
公共设施管理业：1家　　　　　　　铁路运输业：1家
酒、饮料和精制茶制造业：1家　　　其他金融业：1家
煤炭开采和洗选业：1家　　　　　　农业：1家
化学纤维制造业：1家　　　　　　　计算机、通信和其他电子设备制造业：1家

图3-22　2022年碳中和概念股行业分布

（数据来源：国泰安数据库）

四、ESG信息披露概况

2022年是ESG相关标准井喷式推出的一年。截至2022年11月，《上市公司ESG报告编制技术导则》《企业ESG评价指南》《企业ESG披露指南》等6项团体标准陆续推出。同时，不少地方也组织编制了相关地方标准或文件。例如，2022年7月，湖州市发布了《"碳中和"银行机构建设与管理规范》；2022年9月，深圳市制定了《深圳市金融机构环境信息披露指引》。

2022年1月，上交所和深交所分别更新了《上海证券交易所股票上市规则（2022年1月修订）》和《深圳证券交易所股票上市规则（2022年修订）》，主要包括将社会责任纳入公司治理、按规定披露企业履行社会责任情况和损害公共利益有被强制退市的风险三个方面。同期，上交所将科创50样本公司也纳入强制披露范围。证监会发布的《上市公司投资者关系管理工作指引》明确了ESG信息是投资者关系管理中上市公司与投资者沟通的内容范畴。2022年5月，国务院国资委发布的《提高央企控股上市公司质量工作方案》明确将推动更多央企控股上市公司披露ESG专项报告的目标，并力争到2023年相关信息披露全覆盖。2022年，港交所要求自2022年起ESG报告和年报需要同步发布。

在ESG评级方面，2022年全A股ESG评级主要分布在C+至A-区间。其中，评级B-的上市公司数量最多，为2257家，较2021年下降17.23%，相比之下其他层级得分的上市公司数量较2021年均有不同程度的上升，评级A-的上市公司数量为141家，较2021年上升幅度最大，为354.84%；其次是评级C+的上市公司数量为825家，是2021年该层级评级数量的2倍还多。因此，2022年相较2021年全A股ESG评级层级相对更加分散，具体参见图3-23。

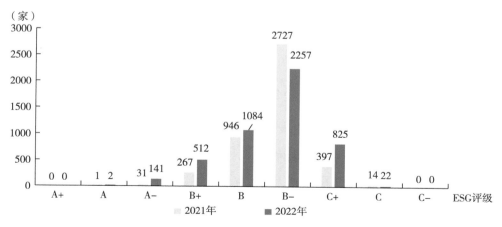

图3-23　2021—2022年全A股ESG评级分布对比

（数据来源：商道融绿）

具体到E、S和G各分项，以中证800成分股2018年为基数，2022年E、S和G各分项均较2021年实现了不同程度上升，平均增幅为7.14%，其中，分项S由2021年的1.06上升至2022年的1.15，增幅最大，具体参见图3-24。

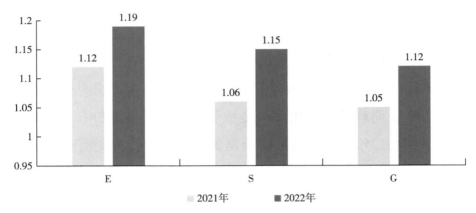

图3-24　2021—2022年中证800成分股E、S和G分项绩效变化

（数据来源：商道融绿）

细分到各议题，2022年中证800成分股治理结构议题得分最高，生物多样性得分最低。其中，分项E下环境政策议题得分最高，为59.38；生物多样性议题得分最低，为44.05。分项S下各议题得分较为平均，其中，产品管理议题得分最高，为58.60；供应链管理议题得分最低，为48.42。分项G下治理结构议题得分最高，为64.36，比得分最低的合规管理议题高16.04分，具体参见图3-25。

在ESG信息披露方面，2022年A股上市公司ESG报告发布数量为1439份，较2021年增加324份；沪深300上市公司2022年ESG报告发布数量为269份，较2021年增加19份。据商道融绿数据，中证800成分股ESG指标2022年各分项披露率较2021年也有不同程度的增加，其中环境指标披露率增长最快，由2021年的57.78%上升至68.61%，社会指标2022年披露率为41.18%，虽然较2021年实现了增长，但是在E、S、G各分项指标披露率仍为最低，治理指标2022年披露率较2021年增幅最小，为2.63%。

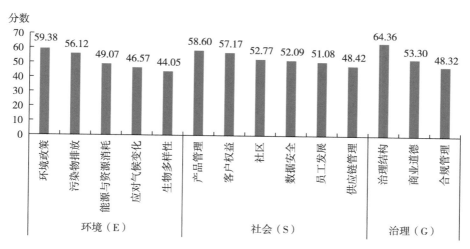

图3-25 2022年中证800成分股各议题得分情况

（数据来源：商道融绿）

在碳排放披露方面，据商道融绿数据，中证800成分股碳排放管理定性目标2022年披露的公司数量为468家，较2021年增加96家；定量目标2022年披露的公司数量为66家，虽然较2021年实现了164%的增长，但定量目标披露的公司数量占比仅为12.36%。同时，中证800成分股碳排放数据2022年全口径披露的公司数量为204家，较2021年增加59家，部分口径披露的公司数量为66家，较2021年增加18家。

五、气候投融资风险分析

作为金融市场的一部分，气候投融资不仅要关注收益，相关风险也不容忽视。气候投融资风险一般是由气候风险，包括物理风险和转型风险，通过经济系统直接或者间接传导至金融系统而表现出的风险，其风险类型与传统金融风险无异，主要包括价格风险、信用风险和流动性风险等。

（一）价格风险

2022年地方碳市场的金融属性逐渐显现，其价格波动风险尤为突出，具体表现为：各地方试点碳市场的交易均价均有所上涨，涨幅均在15%以上。其中，深圳市碳市场碳价涨幅高达286%，广东省碳市场碳价涨幅为85%；同时，北京市碳市场的碳价最高，约为93.32元/吨。碳价高企的直接影响就是交易量不活跃。2022年地方试点碳市场总体成交量呈现下降趋势，由2021年的约6157.5万吨下降到2022年的约5056.9万吨，降幅达17.87%。具体到个体试点碳市场，交易活跃度也有所下降，广东省碳市场的成交量由2021年的2751万吨下降到2022年的1461万吨，降幅最大，为46.89%。

（二）信用风险

在国家大力引导更多资金支持应对气候变化工作的过程中，随着绿色信贷、绿色债券工作的开展，包括逆向选择和违约风险等在内的信用风险需要引起足够重视。

在气候投融资过程中，信息不对称的存在会引发相应的融资逆向选择风险。由于目前企业环境信息披露制度有待进一步完善，金融机构获取信息存在障碍，在这其中不乏存在一些企业为了提高资金的可得性和获得更广泛的融资渠道，存在"漂绿"行为。2023年2月，最高人民法院发布涉及"双碳"规范性文件时亦明确，审理企业环境信息披露案件，要强化企业环境责任意识，依法披露环境信息，有效遏制资本市场"洗绿"和"漂绿"等不法行为。

2022年6月，阳光100中国控股有限公司发布债券违约公告。公告显示，阳光100中国于2021年6月29日在香港联交所上市2022年到期金额为2.196亿美元，13.0%的优先绿色票据，受宏观经济环境及房地产行业等多个因素的不利影响，公司无法偿还2022年债券的本金及应计但未付利息。该违约事件将触发阳光100中国订立的若干其他债务工具项下的交叉违约规定。

（三）流动性风险

2022年，气候投融资的流动性风险主要体现在碳中和概念股。碳中和概念股日个股交易股数在76039和8.55×10^8之间波动，日个股交易金额在1022730和6.54×10^9之间波动，无论是交易股数还是交易金额波动幅度均较大。这在一定程度上说明碳中和概念股市场在稳定性方面仍有待提升，存在一定的流动性风险。

第四章 气候投融资地方试点进展

我国的气候投融资工作仍处于起步阶段，为了更好地发挥"以点带面"的协同发展成效，2022年8月，生态环境部等九部门联合印发了《关于公布气候投融资试点名单的通知》（环气候函〔2022〕59号）。该通知确定了北京市密云区、山东省青岛西海岸新区等23个地方作为气候投融资试点地区，率先开展气候投融资试点工作。

自试点名单公布以来，在中央各项政策的指引下，地方政府各相关部门密切协作，努力营造有利的气候投融资试点环境。各试点地方认真贯彻落实试点方案，积极探索气候投融资的发展和管理模式，做好适应和应对气候变化风险的相关工作以助力地方绿色低碳转型和高质量发展。

2022年，各试点地方以应对气候变化和碳达峰、碳中和为目标，统筹谋划，将气候投融资试点相关工作融入地方战略规划布局，为促进地方经济绿色发展、高质量发展提供了有力支撑。

一、有序发展碳金融——广东省南沙新区

广东省南沙新区依托粤港澳大湾区（广州南沙）跨境理财资管中心建设，探索大湾区碳资产管理业务，共同探讨完善粤港澳大湾区碳资管产业链的具体路径。

在探索碳资产业务方面，南沙新区积极筹备粤澳气候资管沙龙系列活动。南沙新区联动中国银行澳门分行筹划"粤澳金融沙龙——粤港澳大湾

区气候投融资与跨境资管发展"活动，拟通过聚焦跨境理财和资产管理、气候投融资领域工作，探讨澳门企业如何利用南沙气候投融资和跨境资管优势推动高质量发展，推动澳门企业融入南沙气候投融资试点建设，共同推动气候投融资领域的资产管理创新。

同时，南沙新区积极探索创新低碳融资机制，成立了首个南网碳中和融资租赁服务平台，发行了全国首只公募碳中和资产支持商业票据（ABCP），打造常态化"政府—机构—企业"对接平台，为南沙引入粤港澳大湾区机构及项目资源。

在推动碳金融产品创新方面，南沙新区与银河证券、太平洋财产保险等开展粤港澳大湾区探索气候"保险+期货"的可行性研究，为粤港澳大湾区出口企业规避欧盟碳边境调节机制（CBAM），即"碳关税"变化带来的风险。同期，南网碳资产管理公司与新加坡REDEX公司签署合作备忘录，在碳交易、绿证交易、碳金融等领域开展全方位深入合作，共同推动中国和新加坡两国绿色电力和碳金融市场标准的衔接和互联互通。

二、强化碳核算与信息披露——四川省天府新区

四川省天府新区开展气候投融资项目碳减排测算，推动对接"点点"碳中和平台和"碳惠天府"机制，引导金融机构、工业企业、非工业企业开展碳核算并依托气候投融资综合服务平台建立企业碳账户，经相关主体授权后，推动电力、燃气等企业共享用能数据，运用温室气体排放云计算系统开展企业碳排放核算、项目碳减排测算，拓展记录碳中和、碳资产等信息，并依托"点点"碳中和平台建立个人碳账户。

与此同时，四川省天府新区整合共享环境资源违法违规记录、碳排放配额清缴履约、温室气体排放等环境信息，依托气候投融资综合服务平台开展环境风险监控，鼓励第三方专业机构参与采集研究；引导金融机构将

企事业单位环境信用，节能信用与环境、社会和治理等信息纳入信贷评估体系；鼓励信用评级机构将环境、社会和治理等因素纳入评级方法，鼓励对金融机构、企业和地区的应对气候变化表现进行科学评价和社会监督。具体体现在"绿蓉融"平台①不断优化平台功能，推出温室气体排放云计算系统V3.0。

三、强化模式和工具创新——陕西省西咸新区

陕西省西咸新区积极探索政府与社会资本合作（PPP），共同分享收益和共同承担风险的机制，试点创新PPP气候融资基金，出台PPP模式下的低碳项目实施细则，规范化操作低碳PPP项目，鼓励气候发展基金支持以PPP模式操作的低项目，探索创新"碳金融+PPP"模式。同时，陕西省西咸新区也尝试探索气候投融资试点与生态环境导向的开发模式（EOD）试点的融合，从鼓励特许经营、给予税收优惠、支持招商引资、授予开发优先权、鼓励创新气候友好型信贷或债券等方面出台支持政策，激发市场主体参与EOD项目建设的积极性，支持市场主体通过产业发展收益反哺生态治理投入，统筹推进生态环境治理项目与气候投融资项目顺利开展。另外，试点开发企业气候友好型债券，探索高新技术企业专利权质押贷款，开发低碳产业担保基金，探索以"政府+银行+保险"风控模式为主的建筑节能改造保险项下的"建筑减碳贷"也是陕西省西咸新区工具创新的主要内容之一。

在模式创新方面，秦创原资本大市场按照市场化机制运行②，线下以秦创原金融中心为核心承载，建设展厅、路演中心、共享办公空间，引入

---

① 四川联合环境交易所.四川发布"绿蓉融"3.0及小程序　绿色金融基础设施建设迈上新台阶 [EB/OL].
https://www.sceex.com.cn/go.htm?id=31972&url=news_detail.

② 侯燕妮.秦创原资本大市场启用 [EB/OL].http://www.shaanxi.gov.cn/xw/ztzl/zxzt/qcy/gzdt/202303/
t20230321_2279134_wap.html.

各类金融及中介服务机构，同时建立"四贷促进"金融服务工作站、科技金融工作站、投资基金工作站、供应链金融工作站"四站"服务体系，构筑投资基金池、信贷资金池、风险补偿资金池、奖补资金池"四池"互通机制，推动形成创新链、产业链、资金链、人才链融合发展生态圈，为全省金融赋能科技创新形成示范。

在基金建设方面，西咸新区推进中金财投沣西节能环保"双碳"（陕西）基金设立工作[①]，配合持续进行基金管理人及拟投项目尽职调查；推进建立农业气候投融资产业基金，持续对接金融机构和第三方社会资本。

在产品创新方面，西咸新区推动各地方金融公司开展气候投融资金融产品研发工作。目前西咸金控已牵头西咸保理和西咸租赁研发了"绿账融"和"绿融租"两项金融产品。

四、建设地方性气候投融资项目库——深圳市福田区

深圳市福田区以应对气候变化效益为核心指标，制定相关标准，科学界定深圳气候投融资项目库（一期）的入库项目范围和技术要求；以建设中的深圳绿色企业（项目）库为基础，按照导向性、重点性、持续性等原则高质量构建国家气候投融资项目库；依托深圳气候投融资项目库建设，征集一批分布式光伏、海上风电、氢能利用、气候适应、跨域绿色治理和公共机构节能管理等项目，积极打造深圳碳中和新技术、新产品、新业态和新产业集群。

具体来看，一是深圳市福田区于2023年4月4日在国家气候投融资试点（深圳·福田）高质量发展建设大会上发布了国家（深圳）气候投融资项

---

① 西咸新区沣西新城.10亿元"双碳"基金在沣西设立！[EB/OL].http://www.xixianxinqu.gov.cn/xwzx/xcdt/63b53d55f8fd1c4c21348a9d.html.

目库第一批入库项目名单并开展投融资对接。

二是深圳市福田区持续推进深圳气候投融资项目库的建设，通过网站公开征集、环评库筛查、行业协会调研等形式广泛征集气候项目。

三是深圳市福田区会同人民银行深圳市中心支行、龙华区人民政府深入龙华区举办绿色金融政银企对接会，推荐首批入库的优质项目参会并路演，对接金融机构。

五、其他试点案例

在坚决遏制"两高"项目盲目发展方面，北京市密云区成立了北京市密云区碳达峰碳中和工作领导小组，并制定了一系列工作制度，进一步明确了各部门工作职责，为北京市密云区统筹协调推进"双碳"工作提供了组织保障和制度保障。

在强化政策协同方面，重庆两江新区组织召开气候投融资金融机构专场会，建立微信工作群，研究气候投融资项目推进情况。在此基础上，重庆两江新区会同农商行、重庆银行等金融机构研究适合中小企业气候投融资的金融产品；会同农业发展银行和国家发展改革委，专题研究光伏项目融资，帮助企业与金融机构建立联系，解决企业资金需求；会同人民银行、现代服务业局到上汽红岩等企业进行走访调研，实地考察企业绿色低碳转型发展需求，把相关金融政策带到企业。

在加强人才队伍建设和国际交流合作方面，浙江省丽水市以丽水市气候投融资专家库为依托，正式组建丽水气候投融资专业委员会并制定了专委会2023年度工作要点和委员履职积分规则。同时，丽水市与国家气候战略中心签订战略合作协议；与浙江大学金融系开展交流和合作以支持丽水气候投融资试点建设。此外，相关人员赴湖州学习探讨气候投融资工作并与广发证券有限公司座谈讨论气候投融资绿色债券相关事宜。

在定期评估和总结推广等方面，北京市通州区目前已经初步完成相关报告，研究并构建了具有通州特色的气候投融资指数评估和指标相结合的双评估体系。与此同时，北京市通州区"海绵城市"建设领导小组办公室经多方调研，并与各部门对接项目推进情况，形成了《北京城市副中心海绵城市建设实施方案（2023—2025年）》并进行公开招标。

第五章　气候投融资展望

2022年，气候投融资在政策、资金工具、ESG信息披露和试点工作等方面均取得了长足的发展，但仍存在诸多挑战。我国气候投融资政策已陆续出台，但不同政策之间的协同性有待进一步提升并形成长效约束机制，同时，现行政策体系对于气候投融资实施标准缺乏统一的界定，降低了资金对于应对气候变化工作的支持力度。在此基础上，面对如此巨大的气候资金需求量，我国气候资金供给量相对较少且渠道较为单一，仍以信贷等债务型工具为主。而作为气候资金向导的ESG信息披露范围小，披露标准不规范等制约了ESG的投资规模。在气候投融资试点方面，高质量的信息化和地方项目库建设是增强试点效果的保障，应进一步完善进而增强气候投融资对试点地区实体经济的支持。

未来，气候投融资工作仍然任重道远。为了更好地发挥气候投融资在应对气候变化领域的支持作用，气候投融资应重点做好以下几项工作。

一、持续完善气候投融资政策体系

2022年，我国出台了一系列国家层面、行业层面、区域层面的政策和专题政策。这些政策共同构成我国气候投融资的顶层制度设计，为气候投融资支持应对气候变化作出了系统和宏观的安排，也为今后相关政策的出台奠定了基础。除上述政策外，我国气候投融资政策体系仍需要进一步完善。

第一，构建气候投融资激励约束长效机制。充分发挥气候投融资市场的资源配置功能，一方面坚决遏制超越环境资源承载能力，追求高增长的"两高"项目盲目发展；另一方面健全宏观审慎管理，逐步将应对气候变化纳入宏观政策框架，重点对绿色建筑、绿色交通等绿色产业予以支持，并将绿色消费纳入气候投融资支持范围，增强应对气候变化的供给侧和需求侧均衡。优化碳减排支持工具，利用优惠再贷款鼓励金融机构增加与碳减排相关的优惠贷款投放。

第二，完善气候投融资标准体系。制定可行的气候投融资标准清单并推动相关标准在气候投融资试点地区先行试点，推进国家级气候投融资项目库的建设工作，提升气候项目管理的规范性和科学性，为项目审核和评估打好基础。同时，在增强气候投融资标准体系在我国适用性的基础上，应加强我国气候投融资标准体系与国际可持续金融标准体系的兼容性。

二、弥补气候资金缺口，丰富气候投融资工具箱

尽管气候投融资的规模在不断增加，但是我国气候投融资仍然存在较大的资金缺口。原因在于资金主要来自公共资金。基于此，应加大气候投融资对私营部门应对气候变化的资金融通力度，撬动更多的私营部门资金投入应对气候变化领域中来，以弥补气候资金缺口。

在碳市场运营方面，应完善碳交易机制，稳步推进碳市场的扩容工作，扩大碳交易的主体规模以提升碳价的有效性。碳市场履约期间主要满足企业履约目标，金融属性有所欠缺。因此，应基于碳市场的平稳发展创新碳期货等碳金融工具，增强运用碳市场进行风险管控和价格发现等功能。完善碳金融基础设施，通过碳市场的合理定价推动经济绿色低碳发展。

同时，现阶段，我国的气候投融资工具仍以信贷等债务型工具为主，

而债券、基金等混合型工具运用较少。因此，应创新发展气候投融资资产证券化等混合型工具，提升国内气候投融资产品的流动性和盈利性。此外，气候投融资工具在分散气候风险的同时，自身也具有市场风险、信用风险等风险属性。对于气候投融资市场的风险防控也不容忽视，应提前布局，有效减少未来风险的集聚。

三、深入优化ESG信息披露

在ESG领域，应深入优化ESG信息披露和治理，积极引导ESG投资。ESG的信息披露标准有待进一步规范，同时在更广泛覆盖上市公司的前提下，积极引导中小企业采用合理的方式和渠道进行ESG信息披露。在此基础上，衍生出的ESG投资工具一方面可以为企业拓展融资渠道，另一方面也可以引导更多的主体投资ESG领域，推进应对气候变化进程。

四、进一步推动气候投融资试点工作

2022年是我国气候投融资试点工作的元年，各试点地区从政策协同、工具创新、信息披露等方面做了很多工作并且有很多已经初步显效。

基于此，气候投融资试点地区一方面应积极做好气候减缓工作，另一方面也应兼顾气候适应工作并进行气候适应投融资的相关探索。同时，气候投融资试点工作的有效开展应强化监督以增强试点效果，这离不开试点地区强有力的高质量数据支持。未来试点地区可在生态环境部等主要监管部门的指导下，探索并引入区块链与物联网数据报送结合等金融科技方式提高数据收集与披露的准确性、真实性，促进形成可在全国碳市场范围内普遍推广的试点经验。此外，关于地方项目库建设，不仅要积极构建国家和地方项目库指标体系，而且应明确结合地方特色，进行差异化项目建设的思路，制定项目库建设目标、体系、审批流程、项目融资需求和实施管理，并建立项目库动态管理机制，包括管理机构与职责分工、项目入库申报流程、项目核查与考评机制和项目出库退库管理等，形成有利于气候投融资发展的政策环境，激励资金、人才、技术等各类要素资源向气候投融资领域充分聚集。

在此基础上，总结好、推广好试点地区形成的成熟、有益经验，切实发挥好试点地区的示范作用，适时启动试点地区扩容工作，鼓励更多有条件、有意愿的地区探索和实践应对气候变化工作。

结　语
conclusion

改革开放以来，我国一直在探索现代化的发展道路，并曾经历高速发展所带来的经济繁荣，在经济发展史上谱写了华丽的篇章。但是，粗放的发展模式是以环境的牺牲为代价的，是不可持续的。碳达峰碳中和目标的设定，既是以习近平同志为核心的党中央着力推进美丽中国建设和实现中华民族伟大复兴的必然选择，也是主动承担应对全球气候变化责任和统筹国内国际两个大局作出的重大战略决策，体现了我国的大国担当。

"双碳"目标的实现，涉及应对气候变化、绿色低碳、高碳转型等多个方面，对我国经济转型升级提出了较高的要求。金融作为经济的枢纽，发挥着资金融通和资源配置等重要功能。因此，切实发挥气候投融资的资金引导作用，将更多的资金应用到适应和减缓气候变化领域具有重要意义，是助力我国"双碳"目标实现的重要路径。

我国的气候投融资工作仍处于起步阶段，气候投融资要更好地服务应对气候变化，迫切需要在政策引导、工具创新和风险防控等领域实现突破并通过"以点带面"的先行试点方式鼓励更多的地方和个体加入应对气候变化队伍。本报告的作用在于梳理全年度气候投融资工作进展，将进展工作数据以图表等直观形式予以展现，以期帮助读者更加深入和系统地了解我国气候投融资发展情况。同时，本报告拓展可持续发展和应对气候变化理念受众范围，并将该理念根植于心，贯彻到日常生活和工作中。

我们坚信气候投融资是一项长期且极富远景的工作，是我国经济可持续发展的重要内容之一。我们将在气候投融资领域致力于为更多的战略伙伴提供更加真挚和专业的服务，共同应对气候变化所带来的挑战和考验，为我国"双碳"目标的早日实现贡献应有的力量。